ANDREA GUNKLER

Frag deine
KATZE

ANDREA GUNKLER

Frag deine
KATZE

Was wir von den verspielten
Vierbeinern lernen können

mvgverlag

Bibliografische Information der Deutschen Nationalbibliothek
Die Deutsche Nationalbibliothek verzeichnet diese Publikation in der Deutschen Nationalbibliografie. Detaillierte bibliografische Daten sind im Internet über http://dnb.d-nb.de abrufbar.

Für Fragen und Anregungen:
info@mvg-verlag.de

Originalausgabe
2. Auflage 2018

© 2018 by mvg Verlag, ein Imprint der Münchner Verlagsgruppe GmbH,
Nymphenburger Straße 86
D-80636 München
Tel.: 089 651285-0
Fax: 089 652096

Redaktion: Annett Stütze
Umschlaggestaltung und Layout: Isabella Dorsch
Umschlagabbildung: Shutterstock.com/naum
Abbildungen im Innenteil: Shutterstock.com/naum, Natalia Skripko, black-sun, Curly Pat, Virinaflora, CK DESIGN
Satz: inpunkt[w]o, haiger (www.inpunktwo.de)
Druck: Florjancic Tisk d.o.o., Slowenien
Printed in the EU

ISBN Print 978-3-86882-928-0
ISBN E-Book (PDF) 978-3-96121-210-1
ISBN E-Book (EPUB, Mobi) 978-3-96121-211-8

Weitere Informationen zum Verlag finden Sie unter

www.mvg-verlag.de
Beachten Sie auch unsere weiteren Verlage unter www.m-vg.de

Inhalt

Für meine Zen-Meisterin Nelli!

Und für alle Menschen, die ein bisschen mehr Katzen-Wunderkraft in ihrem Leben brauchen.

Vorwort

Als ich vor einigen Jahren in einen Haushalt zog, in dem es eine Katze gab, ahnte ich nicht, wie sehr dieses Tier mein Leben verändern würde. Anfangs hatte ich noch fest vor, mich von der Mieze fernzuhalten. Katzen hatte ich seit jeher mit großer Skepsis betrachtet. Im Garten meines Elternhauses stand eine Voliere mit exotischen Vögeln – verständlich, dass ich als Kind die Ablehnung gegen die samtpfötigen Raubtiere übernahm. Also wurde ich ein Hundemensch; ein Cockerspaniel begleitete mich in meiner Kindheit und Jugend. Um Katzen machte ich einen Bogen, seit mein Hund nicht mehr lebte, um sie zu verjagen.

Vor sieben Jahren zwangen mich ein Burnout nebst Depression, mein bisheriges Leben zu überdenken. Den wesentlichen Grund für mein »Scheitern« fand ich während der anschließenden Therapie bald heraus: Meine Ansprüche an mich selbst hatten einen heftigen Zusammenstoß mit der Realität erlitten. Ich war so darauf bedacht gewesen, es anderen recht zu machen, dass es mich als Persönlichkeit zerrissen hatte. Ich beschloss, meinen Beruf aufzugeben und dorthin umzuziehen, wo ich wieder auf die Beine kommen würde. Ich hatte etwas Bammel davor, vor allem weil dort diese Katze lebte – und ich bis dahin hochgradig allergisch auf diese Tiere reagiert hatte. Doch was sagte meine Therapeutin? »Prima! Etwas Besseres kann Ihnen nicht passieren. Nehmen Sie sich das Tier als Vorbild. Von ihm können Sie eine Menge lernen.« Daran glaubte ich genauso wenig wie an ihre Aussage, eine Tierhaarallergie sei nichts Generelles, sondern hänge vom Individuum ab. Pah. Natürlich wusste ich das besser!

Ich hatte nicht mit der Katze gerechnet. Und mit ihrer Wunderkraft. Es erwies sich als unmöglich, das Tier zu ignorieren. Ihr den Rücken zuzudrehen und ihr auszuweichen, interpretierte sie nämlich so: »Wie schön! Da ist jemand, der sich einer Katze gegenüber zu benehmen weiß. Die sollte ich im Auge behalten!« In den ersten Wochen ging sie mir zwar aus dem Weg, wie jedem Fremden, der in unser Haus kommt, aber als ich sie einmal versorgen musste, weil ihr eigentlicher »Dosenöffner« abwesend war, und sie mir beim Füllen des Napfes um die Beine ging, war es um mich geschehen. Ich ertappte mich dabei, wie mir ihr Schmeicheln schmeichelte, wie ich anfing, mir das Gesicht der Katze näher anzuschauen, sie beim Putzen zu beobachten, über ihr Herumtollen zu lachen, mit ihr zu spielen. Eigentlich sind sie ja richtig niedlich, diese Katzen, dachte ich. Immer öfter kam sie nun auf mich zu, schaute mich mit ihren großen grünen Augen an, und ich verstand nicht, was sie mir sagen wollte. Aber sie brachte mich zum Lächeln, zu völlig unkontrollierbarem und immer breiter werdendem Lächeln. Ausweichen nützte nichts, sie blieb mir hartnäckig auf den Fersen. Als sie dann zum ersten Mal auf meinen Schoß hüpfte, sich einrollte und schnurrend einschlief, war ich ihr komplett verfallen. In diesem Moment lernte ich meine erste Lektion von ihr: Katzen bekommen immer, was sie wollen.

Es stimmte also, was die Therapeutin gesagt hatte. Von da an hielt ich mich an ihren Rat und lernte noch viel, viel mehr von meiner neuen Freundin. Mit ihrem puren Dasein trägt sie seitdem Tag für Tag zu meiner persönlichen Lebensqualität bei. Und übrigens: Auch in puncto Allergie sollte die Therapeutin recht behalten.

Andrea Gunkler
März 2018

Die geheime Wunderkraft der Katzen

»Ich habe mit mehreren Zen-Meistern
gelebt – alles Katzen.«

Eckhart Tolle

»Im nächsten Leben werde ich Katze!«, sagte mein Mann einmal.

Was ist dran an so einem Katzenleben, dass wir es als so wundervoll betrachten? Meistens döst sie, lässt sich die Sonne aufs seidige Fell scheinen, jagt, wenn ihr der Sinn danach steht, nutzt jedes noch so winzige Blatt, das über den Balkon fegt, zum Spielen, frisst ein bisschen was, dann sucht sie sich einen kuscheligen und warmen Platz für ihr nächstes Nickerchen, und wenn sie will, holt sie sich bei ihren Menschen ein paar Streicheleinheiten ab. Katzen sind soooo entspannt, Stress ist ihnen völlig fremd – und sie machen immer, was sie wollen. Wir müssen unseren Stubentiger nur anschauen, um zu wissen, dass seine Wunderkräfte gar nicht so geheim sind. Im Gegenteil, die Katze zeigt ganz offen, was ihr Leben so erstrebenswert macht: Sie produziert nichts, sie leistet nichts, sie strengt sich nicht an, sie muss nicht einmal Männchen machen oder andere Kunststücke aufführen, um von uns geliebt zu werden. Sie ist einfach da, und sie ist glücklich und zufrieden.

Und was machen wir? Wir reiben uns auf zwischen den Anforderungen von Beruf und Familie, wollen Karriere machen, hetzen von einem Termin zum nächsten, erhoffen uns Anerkennung, indem wir die schicksten Schuhe tragen, das neueste Auto kaufen oder das größte Haus bauen. Wenn wir uns einen Urlaub gönnen, muss der natürlich an den gerade angesagtesten Ort führen oder zumindest eine Kreuzfahrt sein. Selbst eine Auszeit planen wir, weil Auszeitnehmen angesagt ist, nennen es »Sabbatical« und kraxeln im Himalaya herum, obwohl wir Höhenangst haben. Falls wir uns das alles leisten können. Geldsorgen plagen uns, und wenn wir die mal für eine Weile vergessen, schlagen uns die Nachrichten tagtäglich um die Ohren, in welch einer verrückten Zeit wir gerade leben. Das kann einen ganz schön fertigmachen. Manch einem blüht ein Magengeschwür, es rauscht im Gehör, das Herz streikt, Nerven und Rücken halten das alles auf die Dauer nicht aus.

Deshalb suchen wir nach Möglichkeiten der Entspannung, nach kleinen Fluchten, nach Orten, an denen wir all diese Sorgen für kurze Zeit loslassen können. Denn – seien wir ehrlich – das größte Haus macht uns genauso wenig glücklich wie die schicksten Schuhe oder der Urlaub auf den Seychellen. Doch wie können wir es schaffen, gesund und glücklich zu sein, inneren Frieden zu finden und Freude am Leben, wenn nicht durch diese materiellen Dinge?

An dieser Stelle kommt »Zen« ins Spiel.

Zen? Das ist doch eine fernöstliche Religion, oder?

Fernöstlich, ja. Religion, nein, jedenfalls nicht in dem Sinne, dass Regeln zu befolgen wären, die uns zu Weisheit und Erleuchtung führen sollen. Zen ist eine Strömung des Buddhismus. Manche bezeichnen es als Meditations-Buddhismus. Zen bedeutet, das Leben zu leben, wie es ist, in seiner ganzen Einfachheit, unter Ausblendung aller materiellen Dinge, die uns umgeben, aber auch des Denkens. Wenn wir das schaffen, sind wir frei von allem Leid, dann haben Sorgen, Ängste, Neid, Vorurteile und andere negative Gefühle, kleinmachende Gedanken keine Chance mehr, uns den Tag zu verderben.

Dann sind wir wie Katzen. Katzen sind Zen!

Dazu möchte ich Ihnen diese kleine Geschichte erzählen:

Ein gestresster Mann fragte einmal einen Zen-Meister um Rat: »Was soll ich tun? Die tägliche Last des Lebens liegt so schwer auf meinen Schultern, ich weiß nicht mehr, wie ich sie noch tragen soll. Bitte sag mir: Was kann ich dagegen tun?«

Darauf antwortete der Zen-Meister: »Das siehst du falsch. Das Leben ist ganz leicht.«

Der Mann schaute den Zen-Meister verständnislos an. »Aber das stimmt nicht. Das Leben ist hart. Die vielen Aufgaben, die ich zu bewältigen habe, sind schwierig und anstrengend.«

Der Zen-Meister gab zurück: »Nein, du siehst es falsch. Das Leben ist leicht wie eine Feder. Du selbst bist es, der sich diese Last aufbürdet und sie sich jeden Tag aufs Neue auf die Schultern lädt.«

Der gestresste Mann warf ein: »Aber ...«

»Mein lieber Mann«, unterbrach ihn der Zen-Meister, »genau dieses ›Aber‹ wiegt allein schon tausend Pfund.«

Wie diesem gestressten Mann ergeht es vielen von uns. Wir machen uns das Leben oft selbst schwer. Dabei könnten wir es leichtnehmen – wie die Katzen es tun. Wenigstens ab und zu.

Dieses Buch will Sie dazu verleiten, nicht bis ins nächste Leben damit zu warten, einfach mal Katze zu sein. Nehmen Sie sich ab jetzt jeden Tag ein Häppchen Katzen-Wunderkraft vor und probieren Sie es aus. Staunen Sie mal wieder über die Wunder der Natur. Halten Sie ein Nickerchen. Spielen Sie mal wieder, tanzen und rennen Sie. Strecken Sie Ihre Glieder. Horchen Sie auf Ihren Atem und seien Sie dabei ganz im Augenblick. Und wann haben Sie zum letzten Mal Ihrem Bauchgefühl vertraut?

Neben all dem nützlichen und unnützen Wissen über die Wunderkräfte unserer liebsten Haustiere finden Sie in diesem Buch kleine Entspannungs- und Körperübungen, die Sie ganz leicht in Ihren Alltag integrieren können. Natürlich nicht alle auf einmal, das würde in Stress ausarten. Probieren Sie aus, was Sie wollen und wann Sie wollen. Bald werden Sie spüren, wie der Stress von Ihnen abfällt und Sie sich dank mehr Ruhe, einer positiven Grundhaltung zum Leben und neuem Körperbewusstsein entspannter, gesünder, ausgeglichener, lebendiger und glücklicher fühlen.

Folgen Sie mir in dieses Büchlein und finden Sie Schritt für Schritt in Ihr neues Leben – mit Katzen-Wunderkräften!

Wie die Katze auf den Menschen kam

»Hunde haben Herrchen,
Katzen haben Personal.«

Kurt Tucholsky

Vor ca. 9000 Jahren fing es an, im fruchtbaren Halbmond, irgendwo zwischen Syrien, Ostanatolien und dem Iran. Die Menschen entdeckten, dass sich korntragende Gräser kultivieren ließen, die Region war wegen ihrer winterlichen Regenfälle vorzüglich für satte Ernten geeignet. In der Folge wurden die Menschen sesshaft – die »neolithische Revolution« nahm hier ihren Anfang. In der Gegend gab es Ziegen und Schweine, die den Menschen als Nahrungsquelle dienten, später wurden auch Rinder und Pferde domestiziert. Und Katzen. Sie hielten die Mäuse in den Kornspeichern in Schach.

Hat hier jemand »domestizieren« gesagt? Eine Katze würde das ganz anders darstellen. So nämlich:

Ich bin eine Falbkatze, manche sagen auch afrikanische Wildkatze. Es war schon recht paradiesisch hier, bevor die Zweibeiner sich niederließen. In meinem Revier! Neuerdings bleiben sie an Ort und Stelle, wollen gar nicht mehr weiterziehen. Im Gegenteil: Sie haben sogar angefangen, sich Behausungen zu bauen. Und sie kümmern sich intensiv um das Gras. Was das wohl soll? Das muss ich mir näher anschauen.

Ha, schau sich einer diese Mäuse an! Zu faul, sich die Getreidekörner selbst aus den Halmen zu klauben. Sie warten einfach, bis die Zweibeiner ihnen die Arbeit abgenommen haben. Die ganze Hütte voll mit Körnern. Und mittendrin mein Futter! Mjam-mjam. So schön trocken ist es draußen nicht. Diese Zweibeiner, die sind ja echt freundlich. Denken nicht nur an sich.

Wie es wohl in den anderen Häusern aussieht? Da drinnen ist es bestimmt auch so schön trocken. Oh ja, und auch noch kuschelig warm! Die haben Feuer, das ist ja gemütlich, hier kann man sich Tag und Nacht den Pelz wärmen. Wahnsinn! Da schau ich jetzt öfter mal vorbei. Ich darf mich nur nicht erwischen lassen, neulich hat mich einer dieser Zweibeiner verjagt.

Diese Menschen. Ts ts ts. Alles, was die essen wollen, bewahren sie in so einer Speisekammer auf. Wie gut, dass sie mich haben. Sonst würden ihnen die Mäuse alles wegfressen. Das ist ja wie im Selbstbedienungsladen hier! Tschakka! Ich hab eine. Ach du Schreck! Da kommt ein Zweibeiner, gleich wird's kritisch für mich.

Aber was ist das? Der Mensch verscheucht mich ja gar nicht. Der hört sich an, als ... Ja, der säuselt mir was. Hört sich an, als ob der sich freut. Und was ist das? Das riecht nach Sahne! Na, die hab ich mir aber auch verdient. Dafür kann ich der Frau des Hauses ruhig ein bisschen um die Beine gehen, wenn schon kein Artgenosse in der Nähe ist.

Tja, wer sagt's denn. Die Strategie mit dem Um-die-Beine-Gehen hat sich absolut ausgezahlt. Neuerdings bekomme ich nicht nur Sahne, auch Speck und Eier, alles, was Madame so abzweigen kann. Ich schätze, das Mäusejagen brauche ich ab jetzt nur noch hobbymäßig zu betreiben. Nur damit ich es nicht ganz verlerne. Im Kornspeicher ist das aber auch ein Kinderspiel. Da rennt mir das Futter ja geradezu in die Fangzähne. Und auf Adler oder Füchse muss ich auch nicht mehr aufpassen.

So, Feierabend. Genug gejagt für heute, Zeit für ein Nickerchen am warmen Ofen. Habt ihr schon mein neues Körbchen gesehen? Stroh, eine Decke, nie wieder auf dem harten Stein pennen. Was für ein Glück. Aber wo schlafen eigentlich die Zweibeiner?

Was? Das gibt's ja nicht! Die haben Betten, so richtig mit Matratze und Daunen, federweich. Da mach ich es mir doch gleich mal gemütlich, am besten direkt vor Madames Bauch. Schnurrrrrr – hier bleib ich!

Unter uns Fellnasen: Wir verstehen uns ja auch ohne Worte, aber für die Zweibeiner hab ich was erfunden, das wirkt immer! Das Zauberwort heißt »Miau«. Wenn ich das von mir gebe, bekomme ich Futter, und wenn ich das nicht mag, mache ich wieder »Miau« und ich bekomme anderes Futter. Clever, oder? Sie machen mir die Tür auf und lassen mich ins Haus, wenn sie mein »Miau« von draußen hören, und sie lassen mich raus, wenn ich vor der Tür sitze und »Miau« mache. Das Einzige, was ich so ein bisschen demütigend finde, ist dieses Katzenklo. Ein Kompromiss, der es wert ist.

In jüngster Zeit scheint die Zweibeiner das mit dem ständigen Türaufmachen allerdings zu nerven. Das heißt aber nicht, dass ich jetzt eingesperrt wäre oder draußen bleiben muss, nein! Sie haben ein Loch in die Tür geschnitzt – extra für mich! Wahnsinn, oder? Ich bin die Königin der Welt!

In der Weltgeschichte sollte sie weit mehr werden als das. Die Ägypter verehrten die Minilöwen so sehr, dass sie aus ihnen eine Gottheit machten. In der altägyptischen Glaubenswelt waren Katzen Töchter des Sonnengottes Re. Sie huldigten ihr in Form der Katzengöttin Bastet, schufen ihr zu Ehren Bronzestatuen, die sie mit Gold schmückten. Bastet war die Beschützerin der Schwangeren, die Göttin der Fruchtbarkeit und der Liebe, aber auch des Tanzes und der Freude. Wer eine Katze tötete, beging ein Verbrechen, das hart bestraft wurde. Starb das Haustier, trauerten die »Besitzer« und rasierten sich zum Zeichen dafür die Augenbrauen ab. Anschließend erhielt die Mieze ein Begräbnis samt Mumifizierung und Sarkophag, ganz wie es einem Hausgott zustand.

Und wehe, jemand schaffte solch ein kostbares Tierchen außer Landes. Katzenschmuggel war in Ägypten verboten. Das interessierte die Römer allerdings wenig, und so gelangte manches Kätzchen als Mitbringsel für die daheimgebliebene Gattin nach Rom. Von dort aus war es nur noch ein kurzer Weg, bis die Stubentiger ganz Europa eroberten – im Gepäck der Römer, natürlich satt gefüttert, gehegt und in weich gepolsterten Körbchen transportiert.

Dass sie einst als Gottheiten verehrt wurden, sollten die Katzen bis auf den heutigen Tag nie wieder vergessen!

Katzen-Wunderkraft #1: Intuition

»Ich habe die Philosophen und die Katzen
studiert, doch die Weisheit der Katzen
ist letztlich um ein weites größer.«

Hippolyte Taine

Eine Katze geht immer ihren eigenen Weg!

Sie würden sich nach einem anstrengenden Arbeitstag viel lieber in die Badewanne mit Ihrem Lieblingsschaumbad legen, zwingen sich aber, zum Sport zu gehen? Sie nehmen die Einladungen Ihres alten Bekannten immer noch an, obwohl Ihnen seine Negativität das letzte bisschen Kraft raubt?

Eine Katze würde so etwas niemals tun!

Sie verlässt sich lieber auf ihre Wunderkraft, die *Intuition*. Verpflichtungen jeder Art oder die Vorstellung davon, was »man« zu tun oder zu lassen hat, sind Kategorien, in denen nur wir Menschen denken. Eine Katze tut immer, was sie will. Wir Menschen lieben sie trotzdem – oder gerade deswegen. Obwohl sie sich »ihren« Menschen verbunden fühlt, hat sich die Katze ihre Unabhängigkeit bewahrt. Wie sonst wäre es zu erklären, dass sich unsere pelzigen Freunde nicht dressieren lassen? Haben Sie es schon einmal versucht? Ja? Dann werden Sie erlebt haben, was passiert. Männchen macht eine Mieze, die etwas auf sich hält, nämlich nur dann, wenn sie Hühnchen in der Küche riecht. Dressurversuche jeglicher Art legt sie höchstens als Aufforderung zum Spielen aus, und sobald sie genug davon hat, können Sie sich glücklich schätzen, wenn sie sich nur wegdreht und Ihnen den Allerwertesten zeigt. Haben Sie es nämlich übertrieben, bekommen Sie schnell eine Ahnung davon, wie sich Miezes Kratzbaum fühlen muss. Sie kommt einer Anweisung nur dann nach, wenn es ihr gerade in den Tagesablauf passt. Wenn Sie wollen, dass Ihr Haustier Ihnen aufs Wort folgt, dann kaufen Sie sich lieber einen Hund.

Die Herrschaften von der belgischen Post können davon ein Liedchen singen. 1876 kamen sie auf die Idee, statt der Briefträger doch Katzen einzusetzen. Egal, wo man sie losließe, die Fellnasen würden schon den Weg zurück zu ihren Höfen finden – und auf diesem Weg könnten sie doch eigentlich gleich ein paar Nachrichten transportieren. »Schnell und sicher« ginge das, so mutmaßte sogar die »New York Times«. Doch welcher Trugschluss. Die Kätzchen transportierten die wasserdichten Behälter mit der Post an alle möglichen Orte, nur nicht dorthin, wo sie abgeliefert werden sollten. Am Ende wurde das Projekt mangels Kooperationsbereitschaft der kätzischen Postboten wieder eingestellt.

Unser Stubentiger darf sich mit Fug und Recht die Erfindung des Lustprinzips als buntes Fähnchen an die Schwanzspitze heften. Was er nicht will, das tut er nicht. So einfach ist das. Er folgt seinen Impulsen. Und die können ganz schön sprunghaft sein: in einem Moment noch Träumelinchen, in der nächsten Sekunde schon wild gewordener Handfeger. Damit haben wir Menschen manchmal so unsere Schwierigkeiten. Sind wir deshalb böse? Enttäuscht? Strafen sie mit Nichtachtung? Auf gar keinen Fall! Schließlich ist es unser Katerchen, und der ist nun mal so, wie er ist, und dafür lieben wir ihn.

Nur ... woher weiß eine Katze, was sie will? Ganz einfach: Sie hört auf ihren Körper. Katzen haben – schließlich sind sie Raubtiere – besonders fein ausgeprägte Sinne. Wenn ihre Schnurrhaare beim Lauern im hohen Gras die leiseste Vibration spüren, ist ihre Beute so gut wie erledigt. Ihre Nasen besitzen doppelt so viele Geruchsrezeptoren wie unsere. Sie riechen das gerade aus der Verkaufsverpackung gewickelte Hühnchen durch die Küchentür, durch den Flur, draußen auf dem Balkon bis hinüber in den Garten. Und mit den zwei Radarantennen auf dem Kopf ist ihr Gehör permanent auf Empfang und so fein, dass wir uns manchmal wundern, was sie da wahrgenommen haben. Nur die besonders gute Nachtsichtigkeit gehört ins Reich der Fabeln. Im Stockdustern sind Katzen genauso blind wie wir.

Ihre Intuition geht so weit, dass sie sogar das Wetter voraussagen können. Wenn wir eine erste harmlose Wolke am Himmel entdecken, geht die Katze schon vor dem nahenden Gewitter in Deckung. Putzt sie sich ausgiebig das Gesicht und die Ohren, dann steht Regen bevor, so wird gesagt. Und tretelt sie besonders obsessiv in den Teppich, dann können Sie sich auf starken Wind gefasst machen. Als die Seeleute noch Schiffskatzen mit an Bord nahmen, um dort die Mäuse und Ratten in Schach zu halten, galten die Fellnasen als Anzeiger dafür, wie die Reise wohl werden würde. War die Katze unruhig, stand eine ruppige Fahrt bevor. War sie dagegen zum Spielen aufgelegt oder döste vor sich hin, dann freuten sich die Seeleute auf eine unspektakuläre Reise.

Dank ihrer Wunderkraft spüren Katzen sogar, wann es einem Menschen schlecht geht. Eine dieser besonders wunderbaren Katzen ist Oscar, ein Kater, der in Providence, Rhode Island, USA, in einem Hospiz lebt. Dort macht er seine ganz eigenen »Visiten«. Die Pfleger bemerkten eines Tages, dass sich der Kater schnurrend zu einem der Palliativpatienten ins Bett legte. Dabei verabscheute Oscar es zu schmusen. Kurz darauf starb der Mann. Oscar war bis zu diesem Zeitpunkt bei ihm geblieben. Das Bett eines anderen Patienten, von dem ein Arzt annahm, er würde bald sterben, mied Oscar dagegen. Ihn besuchte Oscar erst viel später. Das Verhalten des Katers ermöglicht es dem Personal, rechtzeitig die Angehörigen zu verständigen.

Sogar Leben retten sie mit ihrer Wunderkraft. Der Kater Tomba – benannt nach dem weltberühmten Skirennfahrer Alberto Tomba – lebte Ende der Achtzigerjahre und war ein wahrer Gipfelstürmer. Er liebte es, Hochgebirgstourengänger in den Schweizer Alpen zu begleiten. So erklomm er das Rinderhorn und das Balmhorn. Schon als 10-monatigen Welpen führten ihn seine Streifzüge die schneebedeckten Berge hinauf, danach entlohnten ihn die Alpinisten mit Wurst und Käse. Einmal schloss er sich einem Paar an, doch plötzlich wollte Tomba nicht weitergehen. Er stieg ein Stück ab und duckte sich hinter einen Felsen. Das junge Paar folgte ihm, weil sie glaubten, der Kater habe dort etwas entdeckt – und entging so einer Lawine, die über ihre Aufstiegsspur abging.

Wir Menschen sind zwar nicht mit solch herausragenden Sinnesorganen wie die Katzen gesegnet, aber wir besitzen auch alle fünf Sinne. Und wir könnten sie zu unserem Wohlbefinden nutzen. Meistens ziehen wir es jedoch vor, sie einfach auszublenden. Nur ab und zu hören wir von Menschen, die ein kaum erkläliches Gefühl davon abhielt, ein Flugzeug zu besteigen, obwohl sie die Bordkarte schon in der Hand hatten. Ihre Entscheidung bewahrte sie vor einem grausamen Schicksal. Oder vielleicht sind Sie selbst schon einmal vor dem Ausgehen in Ihre Wohnung zurückgekehrt und haben festgestellt, dass der Herd noch angeschaltet war. Sind Sie Hellseher? Keineswegs. Sie haben einfach auf ihre Intuition geachtet.

Für diese fantastische Gabe gibt es noch weitere Begriffe: auf die innere Stimme, auf das Herz hören, ein Bauchgefühl haben – kein Wunder, die Intuition äußert sich oft in Empfindungen, die wir in der Bauchgegend spüren.

Die Wunderkraft der *Intuition* macht uns Menschen kreativ und befähigt uns zu den größten Entdeckungen. Man könnte annehmen, die fabelhaften Genies der Weltgeschichte hätten einen besonders gestrickten Verstand besessen. Sicher, das mag sein, aber die genialsten Lösungen erreichten sie nicht durch Nachdenken, sondern indem sie sich von ihrer Intuition leiten ließen. Wenn Einstein eine Frage intensiv beschäftigte, griff er zur Geige und klimperte darauf herum. Das tat auch der legendäre, aber fiktive Sherlock Holmes. Während das Gehirn mit einer Tätigkeit ausgelastet ist, auf die wir uns konzentrieren, kann im Bewusstsein eine Art Sprung stattfinden, ein Geistesblitz – und plötzlich ist sie da, die Lösung! Dem alten Archimedes ging es genauso, als er vor der Aufgabe stand, den Goldgehalt einer Königskrone zu messen. Wie er das anstellen sollte, wurde ihm klar, als er in die gefüllte Badewanne stieg und das Wasser überschwappte. Heureka!

Als wir Menschen noch nicht diese hochzivilisierten Wesen waren, die in Städte zogen, um dort in Industriehallen zu schuften, in Büros zu vergrauen und abends in die Glotze zu schauen, waren wir selbst noch im Besitz dieser Wunderkraft *Intuition*. Es war für uns überlebensnotwendig, Gerüche einzuordnen, auf Geräusche zu lauschen und die Reaktionen unseres Körpers auf diese Sinneswahrnehmungen zu erkennen. Wir mussten uns vor räuberischen Tieren und anderen Feinden in Acht nehmen. Unser Körper ist genetisch darauf programmiert, uns zu sagen, wann es Zeit ist zu fliehen – oder wann wir uns wohlfühlen.

Unsere Sinne sind mit verschiedenen Zentren im Gehirn verbunden, manche davon können starke Emotionen auslösen. Der Geruchssinn zum Beispiel ist eng mit jenem Areal im Gehirn verknüpft, in dem Erinnerungen gespeichert sind. So kann uns der Duft von warmen Zwetschgen binnen Millisekunden in die Küche einer Tante zurückversetzen, die wir als Kind oft besucht haben und die dann jedes Mal unseren Lieblingszwetschgenkuchen gebacken hatte. Ganz ähnlich funktioniert auch unser Geschmackssinn.

In der Konzentration auf unseren Körper versetzen wir uns selbst in einen Zustand wacher Bewusstheit. Dann verlagert sich das Denken wie von selbst von der linken Hirnhälfte, die analysiert und Probleme logisch hin und her wälzt, hinüber zur rechten Hirnhälfte, in der die Gefühle sitzen. Auf einmal ist unser Geist bereit für kreative Lösungen. Albert Einstein formulierte es so: »Der intuitive Geist ist ein heiliges Geschenk, und der rationale Verstand ist ein treuer Diener. Wir haben eine Gesellschaft erschaffen, die den Diener ehrt und das Geschenk vergessen hat.«

Den Verstand zu benutzen und logisch zu analysieren, lernen wir schon als Kinder. Hingegen Gefühle auszudrücken, erst recht in der Öffentlichkeit, gilt als verpönt. In der westlichen Welt sind wir darauf trainiert, sie zu unterdrücken, sie auszublenden. Doch unser Körper und unser Geist sind untrennbar miteinander verbunden. Auch ohne unser Zutun halten beide ihre natürliche Verbindung aufrecht. Gefühle zu unterdrücken, führt deshalb oft zu psychosomatischen Beschwerden: Migräne, Asthma, Rückenschmerzen bis hin zu Depressionen. Der Körper rebelliert und verschafft sich durch Leiden Gehör.

Zen versteht Körper und Geist als eine Einheit. Verspannungen im Körper zu lösen, ist der erste Schritt auf dem Weg jedes Zen-Schülers. Die alten Römer machten daraus eine Redewendung: »Mens sana in corpore sano« – in einem gesunden Körper steckt ein gesunder Geist. Indem wir in unseren Körper hineinhorchen, spüren, wie er auf Umgebungsreize reagiert und welche Gefühle das bei uns auslöst, nehmen wir Kontakt zu unserem Körper auf. Damit holen wir uns die Fähigkeit zurück, Schwingungen aufzunehmen, positive wie negative. Dann wird unser Körper für uns Menschen das, was die Schnurrhaare für die Katze sind.

Heute überfällt uns kein Säbelzahntiger mehr aus dem Unterholz, und das Feuer beherrschen wir auch recht ordentlich. Weil das so ist, können wir es uns erlauben, unseren Körper zu ignorieren. Das denken wir jedenfalls! Wir richten uns lieber nach gesellschaftlichen Normen, die uns Verhaltensvorschriften machen, auch wenn sich alles in uns dagegen sträubt. Mit logischen Argumenten übertönen wir unsere innere Stimme. Über viele Dinge, die uns stören, denken wir gar nicht mehr nach: die laute Nachbarschaft, der unbefriedigende und unterbezahlte Job, die Beziehung, die nicht funktioniert.

Es kann schmerzhaft sein, sich gegen solche Störungen zu wehren. Möglicherweise zeigt Ihnen der Nachbar einen Vogel, wenn Sie ihn dazu auffordern, am Sonntag das Rasenmähen zu lassen. Ihr Arbeitgeber reagiert vielleicht verärgert oder droht Ihnen, dass Sie im Fall einer Kündigung nie wieder einen Fuß in diese Branche bekommen. So what? Beruflich wollten Sie sowieso seit Kindertagen etwas ganz anderes machen.

Noch viel schmerzhafter kann es allerdings werden, die Signale des Körpers dauerhaft zu übergehen. Permanenter unausweichlicher Lärm in der Arbeit beschert Ihnen einen Tinnitus und die unbefriedigende Beziehung ein Magengeschwür – oder Schlimmeres. Eine Katze handelt nicht umsonst nach Lust und Laune. Es ist für sie überlebensnotwendig – und für uns auch, wenn wir gesund bleiben wollen. Wenn Sie nicht auf sich aufpassen, wird diesen Job kein anderer für Sie übernehmen.

Deshalb pfeifen Sie darauf, was andere über Sie denken mögen. Haben Sie den Mut, Ihren eigenen Weg zu gehen. Es ist Ihr Leben – und das ist verdammt kurz.

Erobern Sie sich die Katzen-Wunderkraft *Intuition* zurück!

Sie müssen ja nicht gleich Ihren Job hinschmeißen, aber wagen Sie es ab und zu, selbst über Ihr Leben zu bestimmen. Seien Sie gelegentlich mal Katze und machen Sie, was Sie wollen. Lauschen Sie auf die Reaktionen Ihres Körpers. Wenn sich bei der nächsten Einladung Ihres alten Bekannten wieder alles in Ihnen zusammenzieht, sagen Sie ab. Und wenn Sie nach dem anstrengenden Arbeitstag lieber auf Ihrem Sofa abhängen wollen, statt sich beim Sport zu quälen, dann tun Sie das. Betrachten Sie Ihren inneren Schweinehund doch mal als Ihren Aufpasser! Was kann schon passieren? In Ihrer Umgebung werden Sie vielleicht am Anfang ein paar merkwürdige Blicke ernten. Aber seien Sie versichert: Die Menschen, denen Sie wichtig sind und die Ihnen wichtig sind, werden Sie auch weiterhin lieben. Vielleicht sogar noch mehr als vorher, weil sie Ihre neuen Verhaltensweisen schätzen, Sie vielleicht sogar dafür bewundern. Wer sich erlaubt zu tun, was er will, wirkt auf andere stark und selbstbewusst. Treten Sie also in die Fußstapfen Ihrer Katze – und damit heraus aus dem Schatten der gesellschaftlichen Zwänge – und machen Sie Ihr Ding.

Der besondere Intuitionstipp: Bauchgefühle

Verliebte haben Schmetterlinge im Bauch, schlechte Nachrichten schlagen uns auf den Magen. Heute ist es bewiesen: Wir besitzen eine Art zweites Gehirn im Bauch. Unser Darm verfügt über ein eng gespanntes Netz aus Nervenbahnen, die beständig an das Gehirn in unserem Kopf funken. Wir können dieses Darm-Hirn zwar nicht bewusst wie unser Kopf-Hirn nutzen, aber wir können die Gefühle registrieren, die Botenstoffe aus dem Darm in unserem limbischen System auslösen. Und die haben eine Menge zu sagen!

Schritt 1
Suchen Sie sich einen ruhigen Platz, an dem Sie entspannt sitzen können, und zünden Sie eine Kerze an.

Schritt 2
Setzen Sie sich aufrecht hin und platzieren Sie beide Hände, Handflächen nach innen, auf dem Bauch zwischen Nabel und Rippenbögen.

Schritt 3
Schließen Sie die Augen.

Schritt 4
Atmen Sie tief in den Bauch ein und aus und spüren Sie, wie Ihr Körper sich ausdehnt.

Schritt 5

Spüren Sie die Wärme, die von Ihren Händen ausgeht und den Bauchraum ausfüllt.

Schritt 6

Lassen Sie die Gedanken, die jetzt aufkommen, einfach weiterziehen, wie Wolken am Himmel. Beobachten Sie, welche Gedanken das sind, worum es darin geht, und benennen Sie im Geist die Bilder, Gefühle.

Schritt 7

Öffnen Sie die Augen und schreiben Sie alles auf, was Sie wahrgenommen haben: Bilder, Wörter, Farben, Gefühle – sie repräsentieren die Sprache unserer Intuition.

Schritt 8

Führen Sie diese Übung jeden Tag durch. Wenn Sie ein spezielles Problem beschäftigt, konzentrieren Sie sich darauf und erleben Sie, wie mit der Bewusstheit in der Meditation Geistesblitze und Einsichten aufkommen und die Lösung Ihres Problems auf einmal ganz einfach wird. Ein Wunder? Nein, das ist Intuition!

Übung #1: Lenken Sie sich ab!

Sie sind sich unsicher, ob Sie diesen Computer aus dem Angebot des Elektronikfachmarkts kaufen sollen? Ob die Stelle, die in der Zeitung ausgeschrieben ist, das Richtige für Sie wäre – und der damit verbundene Umzug in eine andere Stadt? Ob Sie Ihrem Kindheitstraum folgen und endlich anfangen wollen, das Segeln zu lernen? Ob Sie in dieser Beziehung bleiben wollen?

Wichtige – aber auch unwichtige – Fragen beschäftigen uns oft lange. Wir wälzen die Pros und Kontras und kommen, zumindest mit dem Verstand, doch nicht zu einer Lösung. Wenn das so ist: Lenken Sie sich ab! Tun Sie etwas, das Ihre ganze Aufmerksamkeit fordert. Legen Sie ein Puzzle oder lösen Sie ein Kreuzworträtsel. Oder kochen Sie mal wieder etwas Anspruchsvolles. Autofahren funktioniert auch prima. Wichtig ist, dass Sie mit Ihrem Geist völlig bei dieser Sache sind. Die Lösung für Ihr Problem kommt dann, wenn Sie es am wenigsten erwarten, bevorzugt, wenn Sie mit etwas anderem beschäftigt sind. Deshalb: Führen Sie immer Notizblock und Stift bei sich!

Übung #2: Das Häuten der Zwiebel

Wie das Wesen der Katzen ist das Wesen des Menschen eigentlich ganz einfach. Nur seine Persönlichkeit ist komplex – und sie besteht aus vielen Schichten, die wie verschiedene Filter den Blick auf die Welt und unser wahres Selbst verschleiern. Nach dem Häuten der Zwiebel von übernommenen Denkmustern, unechten Gefühlen, Rationalisierungen und Entschuldigungen erhalten wir wieder Zugang zu unserer Intuition. Unser Leben wird lebendiger, reicher und jünger.

Eine dieser Schichten ist die körperliche Wahrnehmung. Was wir im Leben gelernt haben, hat unsere Sinne beeinträchtigt. Wir sehen nur, was gesellschaftlich zu sehen wünschenswert ist. Wir schauen unser Gegenüber gar nicht mehr richtig an, haben die Fähigkeit verloren, in den Gesichtern der anderen zu lesen. Unser Geruchssinn ist unter all den künstlichen Duftstoffen verloren gegangen. Unser Gehör funktioniert selektiv; statt dem anderen zuzuhören, warten wir nur auf die Gelegenheit, selbst zu sprechen. Wann haben Sie zuletzt bewusst wahrgenommen, wie sich die Oberfläche eines geschälten Eis anfühlt? Oder wie eine vollreife Birne schmeckt?

Eine Woche hat sieben Tage – der Mensch hat fünf Sinne. Machen Sie es sich zur Gewohnheit, jeden Wochentag einen Sinn zu trainieren. Statt Montag, Dienstag, Mittwoch etc. besteht Ihre Woche fortan aus Sehentag, Fühlentag, Schmeckentag, Hörentag und Riechentag. Bleiben Sie dabei offen für neue Erfahrungen und bewusst für das, was beim Ausleben Ihrer Sinneswahrnehmungen in Ihnen vorgeht.

Und was ist mit Samstag und Sonntag? Machen Sie doch, was Sie wollen, schließlich sind wir ja hier, um ein bisschen mehr Katze zu werden!

Übung #3: O-Ring-Test

Ob etwas gut oder schlecht für Sie ist, kann Ihnen der O-Ring-Test aus der Kinesiologie verraten.

Formen Sie Daumen und kleinen Finger der linken Hand – der Herzseite – zu einem Ring. Führen Sie dann den Daumen und den Zeigefinger der rechten Hand durch diesen Ring und pressen Sie Zeigefinger- und Daumenkuppe aneinander. Nun denken Sie an die Sache, die Sie beschäftigt: Möchte ich heute Pizza essen? Tut mir dieser Mensch gut? Will ich wirklich dieses teure Auto kaufen? Versuchen Sie nun, mit den Fingern der rechten Hand den O-Ring der linken Hand zu lösen. Geht das leicht, lautet die Antwort auf Ihre Frage »Nein«. Hält der Ring aus Daumen und kleinem Finger stand, dann ist die Antwort Ihres Körpers »Ja«.

Dieser einfache Test basiert auf der Erkenntnis, dass Muskeln in Sekundenschnelle auf Reize reagieren. Unser Körper zeigt mit seiner Muskelkraft an, ob Gedanken, Substanzen oder Menschen für uns positiv oder negativ sind.

Probieren Sie diese Technik zunächst mit einfachen Fragen aus, zum Beispiel: »Möchte ich Nutella zum Frühstück?« Wenn Sie diesen Brotaufstrich sowieso lieben, wird der O-Ring halten, bei »Möchte ich jetzt zum Zahnarzt gehen?« vermutlich eher nicht. Bleibt der Ring auch bei der Frage »Möchte ich auf den Mount Everest klettern?« bestehen, dann sollten Sie vielleicht nach einem Expeditionsveranstalter Ausschau halten.

Übung #4: Barfußlaufen

Gehen Sie mindestens eine Stunde lang barfuß, am besten auf einer Wiese oder auf einem Waldweg. Spüren Sie den Boden unter Ihren Füßen, das Gras, das Ihre Haut kitzelt, wie sich die Beschaffenheit des Untergrunds ändert, wenn Sie vom Gras ins Moos treten oder auf ein Bett aus herabgefallenen Fichtennadeln. Ihre Füße entspannen sich. Barfußlaufen stimuliert die Reflexzonen an Ihren Fußsohlen. Dabei schüttet Ihr Körper eine ganze Reihe wohltuender Botenstoffe aus und Sie nehmen Kontakt zu Ihrem inneren Selbst auf.

Übung #5: Schreiben für die Seele

Beim automatischen Schreiben – auch intuitives Schreiben genannt – tritt unsere innere Stimme zutage. Die Worte, die wir aufschreiben, entspringen unserem inneren Kern, einem Ort, an dem der Verstand schweigt und eine tiefere Weisheit zum Vorschein kommt.

Machen Sie zuerst einen ausgiebigen Spaziergang, bei dem Sie die frische Luft genießen, oder nehmen Sie ein Bad und kosten Sie das Wohlbefinden im warmen Wasser aus. Schreiben Sie anschließend über folgende Fragen: Was tut mir wirklich gut? Wo spüre ich die Signale meines Körpers, wenn mir etwas guttut? Welchen Einfluss haben andere Menschen auf mein Wohlbefinden?

Lassen Sie sich vom Rhythmus Ihrer Handschrift mitreißen, lassen Sie sich im Strom Ihrer Gedanken treiben, lassen Sie sich auf das ein, was mit Ihnen geschieht. Streichen Sie nichts durch, schreiben Sie einfach weiter. Werten Sie nicht, kritisieren Sie nicht, beschönigen Sie nicht. Sie werden erstaunt sein, welche Zusammenhänge Ihr Gehirn herstellt und welche Erkenntnisse in Ihnen geschlummert haben.

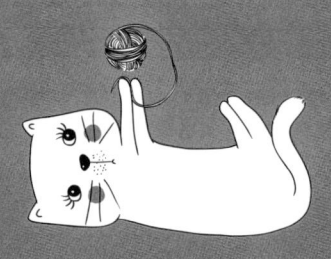

Katzen-Wunderkraft #2: Abenteuerlust

»Wenn ich mit meiner Katze spiele,
wer weiß, ob sie sich nicht mehr mit
mir ihre Zeit vertreibt als ich mit ihr?«

Michel de Montaigne

Jeder Tag ist ein neuer Tag – auf ins Abenteuer!

»Neugier ist der Katze Tod« lautet ein Sprichwort. Aber keine Sorge, die meisten Anfälle von Neugier – und davon hat die Mieze ständig welche – sind ungefährlich. Und wenn sie sich doch einmal zu weit vorwagt, hat sie ja immerhin neun Leben, so ein weiteres Sprichwort. Was macht es da schon, wenn sie eines davon verspielt?

Das ist natürlich völliger Unsinn. Würde sie ausprobieren wollen, ob sie stärker ist als das Auto, das da herangefahren kommt, dann zöge sie zwangsläufig den Kürzeren. Auf »Unsinkable Sam« allerdings hat das Sprichwort gepasst. Dieser Kater, der ursprünglich Oscar hieß, heuerte als Schiffskatze auf der legendären »Bismarck« an, die 1941 von einem Torpedo versenkt wurde. Oscar überlebte, auf Planken treibend, und Matrosen der »HMS Cossack« retteten ihn aus den Fluten. Aber bald ging Oscar wieder baden, weil die »Cossack« einem deutschen Torpedo zum Opfer fiel. Oscar wurde ein zweites Mal gerettet, nach Gibraltar gebracht, wo er auf dem Flugzeugträger »HMS Ark Royal« einen neuen Job als Mausefänger bekam. Doch auch das Leben dieses Schiffs war kurz, es sank vor Gibraltar. Und Oscar? Schaffte es ein drittes Mal. Doch nun wollte niemand mehr diesen Kater an Bord nehmen. Den Matrosen war er unheimlich geworden. Den Rest seines Lebens verbrachte »Unsinkable Sam« in einem Seemannsheim in England, wo er fortan Landratten jagte.

Man sagt, das Sprichwort mit den neun Leben stamme aus dem alten Ägypten. Bei den Pharaonen bestand eine Mahlzeit gewöhnlich aus neun Gängen, und da Speisen in der Hitze des Landes leicht verderblich waren, setzten die Herrscher Vorkoster ein. Katzen waren dazu hervorragend geeignet. Sie verfügen über eine ausgezeichnete Nase. Der Geruch einer Speise verrät ihnen sofort, ob

sie genießbar ist oder nicht. Ließ damals also des Pharaos Schoß-
tier einen Teller unbeachtet, so tat auch er gut daran, die Finger
von diesem Essen zu lassen. Auf diese Weise wird manche Mieze
ihrem Herrchen das Leben oder zumindest seine Gesundheit gerettet haben.

Die Redensart über die angeblich zum Tod führende Neugier
geht übrigens auf Shakespeare zurück. Wie passend! Auch er war
höchst neugierig auf seine Mitmenschen und seine Zeit und drückte dies in Theaterstücken aus, die das Publikum heute noch heiß
und innig lieben.

Doch zurück zur kätzischen Neugier. Hätte sie damals, im fruchtbaren Halbmond vor etwa 9000 Jahren, vor den zweibeinigen Neu-
ankömmlingen den Schwanz eingekniffen und das Weite gesucht, sie
wäre niemals des Menschen liebstes Haustier geworden.

Die Wunderkraft *Neugier* gehört zur Grundausstattung jedes
Raubtiers, auch der Katze. Ihr Abenteuerspielplatz ist ihr Revier,
das sie täglich mit höchster Aufmerksamkeit abschreitet. Findet sie
dort etwas Neues, begutachtet sie es aus-gie-bigst. Dabei nähert
sie sich ganz vorsichtig – von wegen »Neugier ist der Katze Tod«!
Langsam wagt sie sich in die Nähe, schnuppert, lauscht, tastet mit
der Pfote ... bewegt es sich? *Huch, ja, und es kommt auf mich zu!* Es
kann sein, dass die Mieze dann aus dem Stand einen Halbmeter-
sprung in die Höhe samt Drehung um die Körperachse vollführt,
für den ein Turmspringer eine 9,8 bekommen würde. Rennt dieses Etwas allerdings weg, dann jagt die Katze hinterher. Was sonst?
Schließlich läuft da potenziell Fressbares. Erst beim Hineinbeißen
bemerkt sie, dass es nur ein schnödes vertrocknetes Blatt war. Pfft!
Uninteressant, weiter geht die Runde.

Neues entdecken, ausprobieren, sich vorwagen, das alles gehört zur Überlebensstrategie unserer Stubentiger. Beute versteckt

sich schließlich überall. Und wenn sich das Gejagte dann doch nicht fressen lässt, ist sie trotzdem reicher: an Erfahrung. Die kann ihr niemand mehr nehmen.

Darin begründet sich auch ihre unglaubliche Anpassungsfähigkeit. Ob neue Wohnung oder neues Gartenterritorium nach einem Umzug, eine Katze findet sich schnell zurecht und probiert alles aus, ohne jegliche Vorbehalte. Hier nur ein paar Beispiele:

Neue Vorhänge? Die eignen sich doch prima zum Hinaufklettern. Nein? Sie reißen? Pech gehabt.

Hui, da steht ein neues Regal neben dem Kleiderschrank! Endlich ein einfacher Weg zum besten aller Aussichtsplätze.

Auf dem Baum dort drüben war ich noch nie, und wie einfach es war, bis in den Wipfel zu klettern. Nur die Äste sind verdammt dünn und das Ding schwankt gewaltig. Miau!! Kann mich jemand retten?

Apropos Anpassungsfähigkeit: Haben Sie schon mal einen Schuhkarton auf dem Boden stehen gelassen? Oder eine noch kleinere Schachtel aus Pappe? Im Sichhineinzwängen beweist eine Katze das wahre Ausmaß ihrer Flexibilität. Sie hüpft hinein, dreht sich, kratzt hier und dort und schnuppert, bis sie sich – platsch – in den Karton hineinfallen lässt. Wer hätte das gedacht? Der 10-Kilo-Maine-Coone passt sogar in die Sandalenschachtel!

So unvoreingenommen wie unsere Katzen können auch wir Neues erleben. Viele Menschen tun das, sie haben den Mut, das bisher Undenkbare auszutüfteln und umzusetzen. Der menschliche Geist sehnt sich nach Herausforderungen! Denken Sie nur an die Seefahrer des 15. Jahrhunderts. Ohne ihre Neugier wäre Amerika heute noch immer *Terra incognita*. Oder an all die Erfindungen, ohne die unser heutiges Leben so nicht möglich wäre: Impfstoffe, die uns vor Krankheiten schützen, das Internet, das die Kommunikation weltweit erleichtert, Motoren, die uns von einem Ort an den anderen bringen, Bautechnik, die uns ein wohliges Heim beschert.

Bekommt der menschliche Geist keine Anregungen, verkümmert er. Ebenso würde eine Katze in Lethargie verfallen, böte ihr das Leben nicht tagtäglich neue Impulse. Diese Impulse aufzunehmen und ihnen zu folgen – verbunden mit der Katzen-Wunderkraft *Intuition* –, ist das ganze Geheimnis auf dem Weg zu neuen Erfahrungen. Sie sind der Treibstoff für unser Leben, wir brauchen sie so nötig wie das Atmen.

Als wir noch Babys oder Kleinkinder waren, war es eine Selbstverständlichkeit, täglich etwas Neues zu begreifen. Die Welt, in der wir uns erst noch zurechtfinden mussten, war groß, bunt, vielfältig, voller Möglichkeiten und Chancen. Wir besaßen noch die Unvoreingenommenheit der Miezekatzen, tasteten nach allem, was wir erreichen konnten, staunten über Mensch, Tier, Blume und alles, was wir sahen, steckten Dinge in den Mund, vor denen es unsere Eltern grauste, sprangen von Mauern und verknacksten uns den Fuß. Dabei sammelten wir Unmengen von Erfahrungen und Erkenntnissen, die uns heute noch hilfreich sind. Unsere Neugier verwandelte Unwägbares in Sicherheit. Je mehr Erfahrungen wir machten, umso mehr Schubladen taten sich auf, in die wir unser Wissen einsortierten: Dieses hat gut funktioniert, von jenem lasse ich künftig lieber die Finger. Hinzu kamen die Erfahrungen von anderen, die uns von ihren Fehlern und Erfolgen berichteten. Ohne Vorbehalte an neue Dinge heranzugehen, fiel nach und nach schwerer. Das Unbekannte fing irgendwann an, uns Angst zu machen. Wer ein gesundes Selbstvertrauen (noch eine Katzen-Wunderkraft) mit auf den Lebensweg bekam, dem gelingt es auch als Erwachsenem, Ängste und Vorbehalte beiseitezulassen und sich auf Neues einzulassen. Bei anderen siegen die Sorgen. Doch meistens sind sie unbegründet. Und falls die Vorbehalte doch schwer wiegen, fragen Sie sich: Was könnte im schlimmsten Fall passieren?

Manche Veränderungen brechen über uns herein, ohne dass wir sie beeinflussen könnten. Die Firma hat Pleite gemacht und wir haben unseren Job verloren. Der Lebenspartner hat sich von uns getrennt. Die Situation hat sich ohne unser Zutun verändert, unser Leben hat seine gewohnte Bahn verlassen. Veränderungen wie diese begreifen wir manchmal als Schicksalsschläge. Doch bleiben Sie positiv! In diesen Veränderungen liegt oft die Aussicht auf einen wunderbaren Neuanfang. Das drückte bereits Hermann Hesse in seinem Gedicht »Stufen« aus:

>>**Jedem Anfang wohnt
ein Zauber inne,
der uns beschützt und
der uns hilft, zu leben.«**

Wagen Sie es, auch wenn Veränderung in der ersten Zeit schmerzt, eine Chance darin zu sehen. Unsere genetische Konfiguration macht es uns möglich, uns rasch in neue Verhältnisse einzufügen. Zwar hängt unser Überleben heute nicht mehr so sehr von unserer Anpassung ab wie zu Zeiten des Neandertalers, aber wir besitzen diese Fähigkeit noch. Sie ermöglicht es uns, eine neue Firma zu finden, die unser Talent zu schätzen weiß. Und wollten Sie nicht ohnehin lieber auf dem Land leben als in der Großstadt? Packen Sie leichten Herzens und mit frohem Mut Ihren Koffer und ziehen Sie um – mit Ihrer Katze selbstverständlich.

Nehmen wir uns also die Katzen zum Vorbild. In puncto Neugier erweisen sie sich als wahre Zen-Meister. Ihr Wesen ist beseelt vom Anfängergeist. Für sie ist jeder Gang durch ihr Revier so, als erlebten sie den Streifzug zum ersten Mal. Sie wissen, dass es immer wieder Neues zu entdecken gibt, 365 Tage im Jahr, denn kein Tag gleicht dem anderen. Machen Sie es sich zur Devise, jeden Tag etwas Neues zu lernen, und sei es nur, wie Ihre Nachbarin es schafft, ein solches Blumenparadies auf ihren Balkon zu zaubern. Das hält den Geist flexibel, und Sie werden leichter auch mit jenen Ereignissen klarkommen, die unvorhergesehen in Ihr Leben platzen.

Bleiben Sie neugierig!

Wann haben Sie zuletzt etwas zum ersten Mal gemacht? Wollten Sie nicht schon immer mal etwas Verrücktes tun? Mit einem Gleitschirm fliegen, einen Bungeesprung wagen, Freiklettern lernen? Es muss ja nicht gleich ein Extremsport sein, vielleicht wollten Sie schon lange einmal ein exotisches Rezept ausprobieren? Oder Meditieren lernen? Wagen Sie es. Mehr als schiefgehen kann es nicht. Und dann? Haben Sie frei wie ein Vogel die Welt von oben gesehen! Haben Sie Ihre Höhenangst besiegt und begriffen, wie es sich anfühlt zu fliegen! Haben Sie aus eigener Kraft eine felsige Steilwand bezwungen! Haben Sie ein köstliches Mahl genossen! Haben Sie gelauscht, wie sich Ihre innere Stille anhört! Bravo! Sie haben etwas gelernt, das Ihnen niemand mehr nehmen kann. Jede neue Erfahrung hilft dabei, die Batterien, die der Alltag aussaugt, mit frischer Energie zu füllen.

Ist das nicht wunderbar?

Der besondere Neugiertipp: Die Staunspiele

Im Kindesalter war die Welt für uns noch ein einziges Staunen. Mit ein paar kleinen Übungen können wir uns dieses Staunen Tag für Tag in unser Leben zurückholen.

Spiel 1:

Schauen Sie hinauf in die Wolken, betrachten Sie ihre Form, ihren Zug, wie sie sich entwickeln. Fliegt da nicht ein Seehund? Oder ein T. Rex? Die Wolke da drüben hat einen Entenschnabel. Lassen Sie Ihrer Fantasie freien Lauf und bewundern Sie das Spiel von Farben und Formen am Himmel.

Spiel 2:

Wo sind Sie gerade? Schreiben Sie ohne Nachdenken zehn Dinge auf über diesen Ort, die Ihnen nicht aufgefallen sind, als Sie sich dort niedergelassen haben. Welche Farben gibt es? Wie riecht es? Welche Geräusche umgeben Sie? Was wird gesprochen? Wie fühlen Sie sich dort?

Spiel 3:

Nehmen Sie Ihre eigene Stimme auf und hören Sie sich die Aufnahme an. Wie klingen Sie in Ihren eigenen Ohren? Gefällt Ihnen Ihre Stimme? Notieren Sie Ihre spontane Reaktion.

Spiel 4:

Essen Sie einen Tag lang nur Gerichte, die Sie als Kind besonders geliebt haben. Schmecken Sie noch genauso gut wie früher?

Spiel 5:

Machen Sie einen Herbstspaziergang im Wind und versuchen Sie, eines der fliegenden Blätter zu fangen, bevor es den Boden berührt. Gar nicht so einfach, oder?

Spiel 6:

Suchen Sie sich in einer klaren Nacht den hellsten Stern am Himmel. Versuchen Sie, alles über ihn herauszufinden. Wie heißt er? Zu welchem Sternbild gehört er? Welche Geschichten gibt es über ihn? Wie weit ist er entfernt?

Spiel 7:

Pflücken Sie eine Blume, die Sie anspricht, und untersuchen Sie sie genau. Wie sind ihre einzelnen Blütenblätter geformt? Wie viele Blütenblätter sind es? Wie fühlen sie sich an? Welche Farbnuancen finden Sie? Duftet sie? Anschließend pressen Sie die Blume in einem dicken Buch und später basteln Sie ein Bild daraus, das Sie immer an diesen Moment des Staunens erinnern wird.

Übung #1: Neue Wege

Brechen Sie, sooft es geht, aus der täglichen Routine aus. Fahren Sie mit Ihrem Auto doch einmal eine andere Strecke, wenn Sie sich auf den Weg von der Arbeit nach Hause machen. Oder falls Sie öffentliche Verkehrsmittel benutzen: Steigen Sie einfach ein, zwei Haltestellen früher aus und gehen Sie den Rest zu Fuß. Das kommt nicht nur Ihrer Gesundheit zugute, sondern auch Ihr Geist wird angeregt. Schauen Sie sich um, halten Sie die Augen offen, schnuppern Sie, lauschen Sie auf die Geräusche, schauen Sie, welche Menschen Ihnen begegnen. Nur schauen, nicht urteilen! Sie werden staunen, was Sie dabei entdecken.

Übung #2: Stehende Vorwärtsbeuge

Die Stehende Vorwärtsbeuge oder *Uttanasana* ist eine Yogaübung mit vielen positiven Effekten für den Körper: Sie kräftigt Oberschenkel und Knie, löst Verspannungen im Rücken und im Nacken, macht die Wirbelsäule flexibel, dehnt Waden, Oberschenkel und Hüfte, kann den Blutdruck senken und beruhigt Nerven und Geist. Weil der Kopf sich dabei unterhalb des Herzens befindet, wird das Gehirn mit sauerstoffreichem Blut versorgt. Der Körper wird revitalisiert, Müdigkeit verschwindet und psychische Belastungen können leichter ertragbar werden.

Stellen Sie sich für diese Übung aufrecht hin. Ihre Füße sind etwa hüftbreit voneinander entfernt. Atmen Sie tief in den Bauch ein und strecken Sie dabei die Arme so weit wie möglich in die Höhe. Beim Ausatmen beugen Sie sich mit gestrecktem Rücken nach vorn, dann so weit es Ihr Körper erlaubt nach unten. Umfassen Sie, wenn es geht, mit Ihren Händen die Fußknöchel, aber erzwingen Sie nichts. Atmen Sie nun ruhig und tief in den Bauch ein und aus. Bei jeder Ausatmung sagen Sie sich selbst in Gedanken: »Ich bin flexibel in Körper und Geist.« Halten Sie die Stehende Vorwärtsbeuge für einige Minuten.

Beenden Sie die Yogaübung, indem Sie im Ausatmen wieder in den Stand kommen. Beugen Sie dazu zunächst Ihre Knie und bringen Sie die Arme ausgestreckt neben Ihre Ohren. Erst dann strecken Sie die Beine aus und richten gleichzeitig den Oberkörper auf. Achten Sie darauf, dass Ihr Rücken dabei gerade bleibt. Senken Sie die Arme seitlich am Körper hinab. Verharren Sie in einer entspannten, aufrecht stehenden Position und genießen Sie noch einen Moment lang die sanfte Dehnung in Beinen und Rücken.

Übung #3: Verborgene Leidenschaften wiederentdecken

Als Kinder hatten wir alle wohl jede Menge Hobbys. Im stressigen Erwachsenenalltag ist dafür kaum noch Platz. Oft wissen wir gar nicht mehr, was uns Spaß macht und wofür wir wirklich brennen.

Begeben Sie sich auf Schatzsuche in Ihrer Wohnung, stöbern Sie in den Schränken, streifen Sie durch die freie Natur. Betrachten Sie alles mit offenem Herzen und lauschen Sie in sich hinein. Gibt es etwas, das Sie im Innersten anspricht? Was eine positive Regung erzeugt? Das kann ein Buch sein, ein Büschel Gras, ein längst vergessenes Musikinstrument, eine alte Porzellanfigur. Wenn Sie nicht sofort wissen, was Ihnen dieser Gegenstand sagen möchte, geben Sie ihm einen Platz, an dem Sie ihn immer wieder betrachten können. Sobald Ihnen einfällt, welche in Ihrer Kindheit lodernde Leidenschaft sich mit dem Gegenstand verbindet, testen Sie sie aus. Trauen Sie sich, wieder Flöte zu spielen, aus Pappmaschee Figuren zu formen, erlauben Sie sich, in diesen Hobbys wieder Kind zu sein!

Übung #4: Von Pippi Langstrumpf lernen

Nehmen Sie sich eine Stunde lang Zeit und betrachten Sie die Welt mit den Augen eines Kindes. Staunen Sie über die Vögel, die in den Ästen zwitschern, über die Tautropfen an den Grashalmen, die in der Sonne glitzern, über das fast überirdisch wirkende Licht, das am späten Nachmittag durch die Wolken bricht. Das Universum ist ein einziges Spiel – haben Sie daran teil und tun Sie etwas, das Ihnen Spaß macht. Essen Sie genussvoll ein Eis, laufen Sie barfuß über eine Wiese, flechten Sie einen Kranz aus Gänseblümchen oder hüpfen Sie ausgelassen durch den Wald. Kosten Sie diese Stunde aus und verlängern sie Sie, wann immer Sie wollen, ganz im Geist von Pippi Langstrumpf: Sei frech und wild und wunderbar!

»Ich mach mir die Welt,
widdewidde wie sie mir gefällt.«

Übung #5: Das innere Lächeln

Damit wir die Wunderkräfte *Neugier* und *Abenteuerlust* voll zur Entfaltung bringen können, brauchen wir eine positive Haltung den Dingen gegenüber. Und was bringt diese positive Haltung besser zum Ausdruck als ein Lächeln? Jede Zelle unseres Körpers atmet positive Energie, wenn wir bewusst lächeln. Ein Lächeln stärkt unser Immunsystem genauso wie unsere Zufriedenheit. Selbst dann – oder gerade dann –, wenn uns nicht zum Lachen zumute ist, verbindet uns ein inneres Lächeln mit unserer Lebenskraft. Wissenschaftler sind sich darin einig, dass unser Körper unabhängig von der momentanen Stimmung auf dieses Lächeln reagiert, indem er Glückshormone ausschüttet.

Worauf warten Sie also? Lächeln Sie mal wieder!

Probieren Sie es auch einmal vor dem Spiegel und lächeln Sie sich selbst an. Das kommt Ihnen komisch vor? Ist es gar nicht. Ihre innere Haltung und Ihr Körper werden es Ihnen danken.

Und Ihre Mitmenschen erst! Schenken Sie doch einfach mal einem wildfremden Menschen, dem Sie auf der Straße begegnen, ein Lächeln. Es wird Ihren – und seinen – Tag zu etwas ganz Besonderem machen!

Katzen-Wunderkraft #3: Spiel

»Siehst du die junge Katze dort, die so possierlich nach ihrem Schwanz hascht? Könntest du mit ihren Augen sehen, würdest du um sie herum Hunderte von Gestalten erblicken, die verwickelte Tragödien und Komödien mit langen Gesprächen, vielen Mitwirkenden und zahlreichen überraschenden Schicksalswendungen aufführen.«

Ralph Waldo Emerson

Katzen nutzen jede sich bietende Gelegenheit zum Spielen.

Spielen und Toben gehören zur genetischen Grundausstattung unserer Stubentiger. Beides tun sie mit Ausdauer, denn darauf sind sie angewiesen, wenn sie in der freien Natur überleben wollen. Selbst eine Wohnungskatze braucht das Spiel, um ihren Jagdinstinkt auszuleben. Bieten sich keine anderen Gelegenheiten, leiden Gardinen und Sofapolster, in die Madame Mieze ihre Krallen schlagen kann. Dabei ist ihr jedes Spielzeug recht: ein Band, das vor ihrer Nase flattert, eine Fellmaus an einer Angel, ein Ball, ein Ast, der sich im Wind bewegt. Eine Katze ist auf alles scharf, was sich bewegt oder raschelt. Allmählich weiten sich die Pupillen, die Augen werden dunkler und dunkler, während sie das Objekt ihrer Begierde fixiert, und ... zack! Das Schmusekätzchen mutiert zum Kampfhasen. Mit gespreizten Klauen und aufgerissenem Maul stürzt sie sich auf den Deckenzipfel, beißt hinein, hält ihre Beute mit den Vorderpfoten fest und tritt so lange mit den Hinterbeinen zu, bis Ruhe ist – oder bis sie das Interesse verliert.

Das alles entspricht dem natürlichen Verhalten von Katzen. Sogar das Spielen mit lebender Beute hat seinen Sinn. Schließlich sind Mäuse und Vögel in der Lage, die Jägerin zu verletzen. Auch wenn es uns Menschen grausam erscheint, für die Katze kann es angebracht sein, das Beutetier erst einmal mit ein paar beherzten Krallenschlägen zu betäuben, bevor sie zubeißt und es tötet. So stellt sie sicher, dass ihr keine Gefahr droht, wenn sie mit dem Verschmausen anfängt. Das lernt sie schon als Babykatze von der Katzenmama. Mit ihren Geschwistern tollt sie herum und übt das Lauern und Jagen, bis Mama Katze irgendwann Lebendfutter anbringt, an der die jungen Miezen den tödlichen Nackenbiss lernen. Wenn es beim ersten Mal nicht klappt, kann Mama ja immer noch helfen. Hat die Katze als Kätzchen das einmal verinnerlicht, wird sie ihr Wissen für immer anwenden können, selbst wenn sie als Wohnungskatze gehalten wird. Wer weiß schon, ob sie nicht doch noch einmal aufs Land zieht, wo sie wieder nach Herzenslust Kleintiere jagen kann? Dann wird sie das tun, ob Sie wollen oder nicht.

Und die Mieze wird das Gelernte weitergeben wollen. Wenn Ihre Katze Ihnen also noch lebende Mäuse ins Haus schleppt, kann es sein, dass sie Ihnen das Mäusejagen beibringen will. Schenken Sie der Beute Ihres Stubentigers also unbedingt Beachtung! (Was Sie vermutlich sowieso tun, wenn ein angeschlagener Sperling durch Ihren Flur hüpft oder eine belämmerte Maus sich hinter den Schirmständer geflüchtet hat!) Zeigen Sie Ihrer Fellnase, dass Sie begriffen haben, wie das Jagen geht. Es könnte sein, dass sie von diesem Tag an ihre Beute stillschweigend irgendwo vertilgt, ohne Sie daran teilhaben zu lassen.

Ob draußen oder drinnen, Katzen suchen ständig nach Amüsement. Selbst ihr eigener Schwanz genügt, wenn der plötzlich auf der anderen Seite des Tischbeins erscheint. Sie lassen sich von allem reizen, was ihnen ins Auge fällt. Wenn es darum geht, Spaß zu haben, ist eine Katze äußerst spontan. Sie kann sich so in ihr Spiel hineinsteigern, dass daraus die berühmten »5 Minuten« werden. Dann flitzt sie durch Wohnung und Garten, schlägt Purzelbäume, stoppt unvermittelt wie ein Tennisspieler am Netz, nur um eine Wende von 180 Grad zu vollführen und in die andere Richtung davonzuspringen und auf den nächsten Baum zu hechten. In der Wohnung sind dann weder Tische noch Stühle noch Wände vor ihr sicher, und sie räumt ab, was ihr im Weg steht. Das hält den Körper fit und die Gelenke geschmeidig. Diese »5 Minuten« können Ausdruck eines unterdrückten Jagdtriebs sein, darin entlädt sich aber auch die Energie, die sich beim Ausharren vor einem Mauseloch angestaut hat. Sind die »5 Minuten« vorbei, Vasen zerschellt und die Topfpflanze umgestoßen, folgt minutenlang selbstvergessenes Putzen, als wäre überhaupt nichts passiert.

Katzen erinnern uns daran, dass es in unserem Leben eine Zeit gab, in der wir noch über die Wunderkraft des *Spielens* verfügten. Als Kinder testeten wir im »Räuber und Gendarm«-Spiel Rollen aus, also unser Verhalten, aber auch, wozu unser Körper in der Lage ist. Was machte es da schon, wenn wir uns das Knie bei einem Sturz aufschürften, weil wir zu schnell rannten? Über die Folgen unseres Tobens haben wir uns keine Gedanken gemacht. Allein der Spaß war das Ziel. Komplizierte Brett- oder Computerspiele brauchten wir nicht, auch nicht den Anreiz eines wertvollen Gewinns. Wir malten mit Kreide Felder auf die Straße und spielten Hickkästchen, auch bekannt als »Himmel und Hölle«, spannten Seile und sprangen darüber, drehten auf Rollschuhen unsere Runden um die Häuser, spielten Fangen und Verstecken. Bis wir irgendwann in die Schule kamen und Hausaufgaben zu machen waren, wir erwachsen wurden und unser Alltag von Verpflichtungen und Verantwortung bestimmt war. Auf einmal machte es uns Angst, so schnell wie möglich auf dem Fahrrad einen Berg hinunterzurasen. Wir wurden vorsichtig, weil wir gelernt hatten, dass Knochenbrüche wehtun. In alles, was wir von da an taten, schlich sich betäubende Ernsthaftigkeit.

Als Erwachsene, sei es als Eltern, Arbeitnehmer oder Rentner, bestimmen Ziele unser Leben. Mit allem, was wir tun, wollen wir etwas erreichen, ein Ergebnis herbeiführen, von dem wir hoffen, dass es uns glücklich macht. Das ist verbunden mit Anstrengung, mit Verantwortlichkeit, Eifer und Sorgen. Nichts davon macht Spaß. Im Zen sind wir deshalb angehalten, unsere Haltung zur Arbeit zu ändern, indem wir sie spielerisch betrachten. Solange wir auf das Ergebnis unseres Tuns fixiert sind, verlieren wir den Prozess aus den Augen. Und aus den Sinnen. Spielen hingegen muss zu nichts führen. Es ist der Verlauf eines Spiels, der glücklich macht. Zu verlieren gibt es nichts, es ist ja nur ein Spiel.

Katzen wissen das. Bis ins hohe Alter bewahren sie sich die Lust an Spiel und Spaß. Sie spüren genau, wann ihre Alltagsroutine eine Unterbrechung braucht. Sobald sich ihnen eine Gelegenheit bietet, Spaß zu haben, ergreifen sie sie mit beiden Tatzen. Das können wir uns von ihnen abschauen!

Gönnen Sie sich auch ab und zu Ihre »5 Minuten«. Erinnern Sie sich an die Zeit, als Sie noch ein Kind waren. Was hat Ihnen am meisten Spaß gemacht? Haben Sie gern im herbstlichen Wald das Laub mit Ihren Füßen aufgewirbelt und dem Rascheln gelauscht? Haben Sie Federball geliebt? Oder mochten Sie nichts lieber, als ausgelassen über eine Blumenwiese zu tanzen? Wann haben Sie so etwas zuletzt gemacht?

Holen Sie sich die Katzen-Wunderkraft
Spiel zurück in Ihr Leben.

Wann immer Ihnen danach ist, stehen Sie von Ihrem Bürostuhl auf und legen Sie eine Spielpause ein. Nutzen Sie Ihre Katzen-Wunderkraft *Intuition*, um herauszufinden, was Ihnen wirklich Spaß macht. Lassen Sie doch mal wieder einen Drachen im Herbstwind steigen. Oder wie wäre es mit einem ausgiebigen Waldspaziergang? Wenn das nicht geht, weil Sie noch zu arbeiten haben, schließen Sie Ihre Bürotür ab und tanzen Sie zu der Musik in Ihrem Kopf oder aus Ihrem Smartphone. Blasen Sie einen Luftballon auf und lassen Sie die Luft herauströten oder verabreden Sie sich für den Abend zum Federballspiel (»Badminton« klingt gleich wieder nach anstrengendem Sport). Das bringt Ihnen nicht nur Spaß, sondern auch die Bewegung, die im Arbeitsalltag oft zu kurz kommt.

Regelmäßig praktiziert, wirkt die Katzen-Wunderkraft *Spiel* entspannend, Sie fühlen sich glücklicher, ausgeglichener und viel weniger gestresst, trainieren Ihren Körper, Ihre Kreativität kehrt zurück und Ihr Leben wird langfristig viel erfüllter.

Und wenn Ihnen im Moment nichts einfällt, worauf Sie Lust hätten, schauen Sie einfach eine Weile Ihrer Katze beim Spielen zu – oder einer Katze im Internet. Sie werden den Spaß sofort spüren!

Der besondere Spieltipp:
Bewegungen ausprobieren

Haben Sie bequeme Kleidung an, die Sie nirgends einengt? Prima, dann kann es ja losgehen!

Schritt 1
Suchen Sie einen Ort in Ihrer Wohnung oder im Garten, der Ihnen genügend Raum für ausgreifende Bewegungen bietet.

Schritt 2
Hüpfen Sie zunächst auf der Stelle. Starten Sie mit winzigen Sprüngen und legen Sie nach und nach mehr Kraft hinein.

Schritt 3
Springen Sie höher und höher und werfen Sie dabei Ihre Arme in die Höhe.

Schritt 4
Stellen Sie sich vor, Sie wären ein Kind, das auf einem Trampolin hüpft – oder eine Katze, während sie ihre »5 Minuten« hat. Strecken Sie, während Sie springen, Ihre Gliedmaßen in alle Richtungen aus. Probieren Sie sämtliche Sprünge, die Ihnen einfallen.

Schritt 5
Malen Sie mit Armen und Beinen Figuren in die Luft, während Sie auf und ab hüpfen. Lassen Sie Ihre verrückte Seite heraus und lachen Sie laut, wenn Ihnen danach ist.

Schritt 6
Verlangsamen Sie ihre Sprünge wieder so weit, bis Sie bereit sind anzuhalten.

Schritt 7
Kommen Sie zur Ruhe und sagen Sie zu sich selbst: »Ich heiße mein verspieltes Ich jeden Tag willkommen.«

Übung #1: Yoga – die Katze

Selbst die Yogis haben sich Katzen als Vorbilder genommen. Bestimmt haben auch Sie schon einmal eine Katze dabei beobachtet, wie sie sich genüsslich räkelt und dabei den berühmten Katzenbuckel macht? Meistens streckt sie sich so den Schlaf aus den Gliedern. Im Yoga heißt die Übung *Marjaryasana*. Wir Menschen tun unserem Rücken etwas besonders Gutes, wenn wir diese Übung nachmachen.

Kommen Sie in den Vierfüßerstand, der Rücken ist gerade, der Kopf schaut in der Verlängerung des Rückens entspannt nach unten. Atmen Sie in dieser Haltung einige Male in den Bauch ein und aus.

Mit der Ausatmung ziehen Sie den Bauchnabel ein und kippen Sie das Becken. Dabei drücken Sie den Rücken nach oben, der Kopf senkt sich auf die Brust. Spüren Sie die Dehnung im Rücken. Seien Sie ganz bewusst in der Bewegung und dehnen Sie den Rücken nur so weit, wie es Ihnen angenehm ist.

Beim Einatmen senken Sie als Gegenbewegung den Rücken ins Hohlkreuz und strecken den Kopf nach oben. Auch dies tun Sie ganz bewusst und langsam und nur so weit, wie es Ihr Körper zulässt.

Bei beiden Bewegungen bleiben Ihre Ellenbogen gestreckt und Ihre Schultern stark.

Es empfiehlt sich, diese beiden Bewegungen einige Male hintereinander im Rhythmus eines langsamen und bewussten Ein- und Ausatmens zu wiederholen.

Die »Katze« wirkt Wunder, wenn Ihr Rücken schmerzt. Sie stärkt die Bauch- und Rückenmuskulatur und löst Verspannungen im

Nacken. Außerdem regt sie die Verdauung an, fördert die Durchblutung und wirkt gegen Müdigkeit. Besonders schön an dieser Übung ist, dass sie wenig raumgreifend ist und Sie sie deshalb praktisch überall ausüben können, egal ob im Büro oder zu Hause.

Übung #2: Das Ja-Sager-Spiel

Wenn jemand uns um etwas bittet, überlegen wir oft hin und her, wie wir antworten sollen. Für ein bisschen mehr Spontaneität im Leben antworten Sie doch einfach mal mit »Ja!« – natürlich nur, wenn Ihre Katzen-Wunderkraft *Intuition* das zulässt und Ihnen das Geforderte nicht ganz gegen den Strich geht. Oftmals behindern wir uns selbst, wenn wir Dinge vorschnell ablehnen.

Jemand lädt Sie in ein Restaurant ein, das Sie noch nicht kennen? Sagen Sie »Ja!«.

Eine Freundin bittet Sie, ein Buch aus der Buchhandlung für sie abzuholen? Sagen Sie »Ja!« – aus vollem Herzen.

Wie oft haben Sie schon ein Hilfsangebot ausgeschlagen, weil Sie lieber alles selbst regeln? Dabei kann es so entspannend sein, sich ab und zu mal helfen zu lassen.

Oder haben Sie schon einmal einen spannend klingenden Auftrag abgelehnt, weil Sie sich dessen Ausführung nicht zugetraut haben?

Wir wachsen mit unseren Herausforderungen. Eine positive Haltung zum Leben kann uns dabei unterstützen, diese Herausforderungen spielerisch zu meistern – und ein beherztes »Ja« öffnet uns unter Umständen eine völlig neue Welt. Erlauben Sie sich ab und zu etwas Spontaneität und erleben Sie, was passiert.

Und dann ist da noch das befreiendste »Ja« von allen: Das »Ja« zu sich selbst! Sich selbst so anzunehmen, wie Sie sind, mit allen Stärken und Schattenseiten, ist der direkte Weg zum Katzesein!

Übung #3:
Tanzen, als ob niemand zuschaut

Wann haben Sie das letzte Mal ausgelassen getanzt? Zu lang her, stimmt's?

Nutzen Sie die nächste Gelegenheit, wenn Sie allein zu Hause sind. Spielen Sie Ihre Lieblingsmusik in einer Lautstärke, die auch Ihre Nachbarn noch ertragen, und fangen Sie einfach an zu tanzen. Vielleicht werden Sie zu Beginn nur vorsichtige Bewegungen machen. Sie müssen sich erst wieder daran gewöhnen, Ihre Füße, Arme, Hände, den Kopf im Takt der Musik zu bewegen. Aber dann: Werden Sie mutiger! Wagen Sie größere Bewegungen, ausgreifende Schritte, weite Kreise mit den Armen. Niemand schaut hin. Sie sind ganz für sich, geben sich allein der Musik hin.

Nehmen Sie jede Ihrer Bewegungen bewusst wahr. Spüren Sie, wie Ihr Körper eins wird mit der Musik, mit dem Rhythmus, wie Sie wie von allein anfangen zu lächeln. Tanzen Sie weiter, bis das Lied zu Ende ist – oder Sie völlig außer Puste sind. Dann schalten Sie die Musik aus, halten Sie inne bei geschlossenen Augen und spüren in Ihren Körper hinein.

Und? Wie fühlt sich das an? Super, oder?

Übung #4: Überraschungskiste

Legen Sie sich eine hübsche Box zu, in der Sie alles sammeln, was Ihnen Spaß macht. Wann immer Ihnen etwas einfällt, schreiben Sie es auf einen Papierschnipsel und vertrauen Sie es der Box an. Darin haben auch schöne Erinnerungen Platz, Begebenheiten, die Sie zum Lächeln gebracht haben, humorvolle Zitate, freche Bilder oder Witze. Oder Ideen, wie Sie mehr Spaß in Ihren Alltag bringen.

Machen Sie es sich zur Angewohnheit, jeden Tag einen Zettel aus der Box zu ziehen. Sie werden sehen: Jeder Zettel dieser Ideen, Zitate oder Witze wird Ihren Tag ein bisschen angenehmer machen. Und für jeden Zettel, den Sie gezogen haben, legen Sie einen neuen hinein. So wird Ihr Alltag bald voller überraschender Momente werden.

Übung #5: Ihre »5 Minuten«

Katzen wissen, wie sie ihr Leben zu einem erfüllten und glücklichen Leben machen. Gönnen Sie sich, sooft es geht, Ihre eigenen »5 Minuten«, die Sie nur für sich haben. Natürlich dürfen es auch gern mehr als fünf Minuten werden, zum Beispiel für ein entspannendes und wohlriechendes Schaumbad, für ein paar Minuten Sitzen auf einer Bank am Waldrand mit Blick über ein landschaftlich reizvolles Tal, eine kurze Meditation. Oder dehnen Sie die »5 Minuten« aus zu einem Filmabend, an dem Sie nur altes Slapstick-Kino à la Laurel & Hardy schauen oder den schrägsten Klamaukfilm, den Sie finden können. Lachen Sie mal wieder aus vollem Herzen, bis Ihnen die Tränen kommen. Alles, was Ihnen guttut, ist in diesen »5 Minuten« erlaubt. Nehmen Sie sich diese Zeit einfach deshalb, weil Sie genauso wunderbar sind wie eine Katze!

Katzen-Wunderkraft #4: Schlaf

»Die Katze gibt vor zu schlafen,
um desto klarer sehen zu können.«

François-René Vicomte de Chateaubriand

Es geht nichts über ein gepflegtes Nickerchen!

Ganz. Schön. Anstrengend. So ein Raubtiertag! Vögel zwitschern, etwas raschelt im Laub, und hat sich da nicht etwas bewegt im Stroh zwischen den Erdbeeren? Da lohnt sich womöglich ein genauerer Blick und schon sind Augen und Ohren auf Habacht. Jedes Geräusch ordnen unsere felinen Freunde in Sekundenbruchteilen ein. Woher kommt es und was hat es verursacht? Freund, Feind, Gefahr, uninteressant – oder doch Beute? Im Zweifel siegt die Neugier und Mieze geht nachschauen.

Wer so intensiv die Umgebung wahrnimmt, verbraucht eine Menge Energie. Und wie ließe sich die besser auftanken als mit einem Nickerchen? Wobei Nickerchen im Katzenuniversum eine Untertreibung sein dürfte. Katzen frönen ihrer Wunderkraft bis zu 16 Stunden am Tag. Das hat nichts mit Faulheit zu tun, wie manch Unwissender behaupten mag. Schlaf ist für Katzen eine Überlebensnotwendigkeit.

Zu Berühmtheit gebracht hat es damit eine grau-braun Getigerte. Eines Tages sprang sie auf den Lehrertisch in einer Grundschule in Los Angeles und schlief dort einfach ein. 15 Jahre blieb sie, und weil sie ein bestimmtes Klassenzimmer bevorzugte, bekam sie den Namen »Room 8«. Besonders Kinder liebten sie, täglich kamen bis zu 100 Briefe für die Katze an. Die Zeitungen begleiteten das Geschehen um »Room 8«, und sie wurde in den Fünfzigerjahren die wohl berühmteste Katze der USA.

Eine Katze, die nicht ausreichend schläft, würde wahrscheinlich an Überforderung eingehen. Aber Schlaflosigkeit ist kein Thema für unsere Stubentiger. Wann immer es ihr Körper verlangt, rollen sich für ein Schläfchen irgendwo zusammen. Das kann überall sein, Hauptsache, es ist trocken und weich: unter einer Staude im Garten, im Wäschekorb, auf dem Kleiderschrank oder in der offen gelassenen Sockenschublade. Gern genommen wird auch der Schoß des Dosenöffners, besonders dann, wenn der gerade in Ruhe lesen möchte.

Katzen verteilen ihre Schlafphasen über den ganzen Tag. Den größten Teil dieser Zeit dösen sie mit halb geschlossenen Augen und hellwachen Ohren. Es könnte ja irgendetwas passieren, das ihre nie versiegende Neugier weckt. An leisem Winseln und zuckenden Pfötchen erkennt Mensch dann, dass sie träumt. Auch wenn sie dabei gar zu putzig aussieht, behalten Sie Ihre Pfoten lieber bei sich, denn stören sollten Sie die Mieze auf keinen Fall, wenn sie schläft.

Das wusste auch der Prophet Mohammed. Als er eines Tages das Haus verlassen wollte, entdeckte er, dass eine Katze mit ihrem Jungen auf dem Ärmel des Mantels schlief, den er gerade anziehen wollte. Weil er aber die Katzen nicht wecken wollte, schnitt er den Ärmel ab und wickelte sich nur den Rest des Mantels um seine Schultern.

Vorbildlich, Herr Prophet!, würde die Mieze sagen. Ein geschützter Rückzugsort ohne Lärm und nervige Menschen ist genau das, was Fellnäschen braucht, um sich ausgiebig zu erholen. Will Mensch das nicht akzeptieren, bekommt er schon mal die Kralle zu spüren.

Meine Katze Nelli weiß das Bedürfnis nach Schlaf perfekt mit einer weiteren magischen Fähigkeit zu verbinden: dem Unsichtbarmachen von einer Sekunde auf die andere. Besonders gut klappt das im Schlafzimmer. Sie huscht hinein, schaut sich um, und wenn ich ihr auch nur einen Moment lang den Rücken zuwende, ist sie verschwunden. Als hätte sie sich in Luft aufgelöst. Ein Wunder? Nein, bloß ihre Vorliebe, sich unter der Bettdecke zu vergraben. Sperre ich nämlich die Ohren auf, höre ich ganz deutlich ihr Schnurren. Als ich daran noch nicht gewöhnt war, hatte ich die Befürchtung, sie könnte unter der zurückgeschlagenen, doppelt liegenden Bettdecke ersticken. Aber meine Sorge war unbegründet. Eine Katze spürt genau, wann ihr die Luft ausgeht, und sie krabbelt aus dem Federversteck von allein wieder heraus.

Wie wohltuend Schlaf wirkt, weiß jeder. Ein Nickerchen nach dem Essen fördert die Verdauung und die innere Ruhe. Das Gehirn bekommt Gelegenheit, die Ereignisse und Eindrücke des Tages ein- und auszusortieren und zu verarbeiten. Wer sich eine Dosis Schlaf gegönnt hat, fühlt sich erfrischt und kann mit neuer Energie seiner Arbeit nachgehen.

Doch wer kann schon 16 Stunden am Tag schlafen, vor allem bei all den Verpflichtungen, die der Alltag mit sich bringt? Vermutlich niemand. Dennoch können wir uns die Wunderkraft *Schlaf* von unseren Katzen abschauen. Die Menschen in Südeuropa und Südamerika scheinen das schon getan zu haben. Sie halten Siesta während der heißen Mittagsstunden des Tages. Außer deutschen Touristen kommt in Spanien niemand auf die Idee, sich in der brütenden Mittagshitze an den Strand zu legen. Steht die Sonne am höchsten, machen die Einheimischen die Augen zu.

Auch die Japaner sind ganz groß im Katzennachahmen. Um den Stress des Büroalltags in vollgestopften Städten wie Tokio überhaupt aushalten zu können, brauchen sie rasch wirkende Entspannungsstrategien. Sie haben den »Power Nap« erfunden – oder besser gesagt von den Katzen geklaut. Eine Mieze kann von einer Sekunde auf die andere in den Schlafmodus umschalten, sobald sie ein kuscheliges Plätzchen gefunden hat. Der Versicherungsangestellte in Kyoto muss sich mit seiner Armbeuge auf dem Schreibtisch zufriedengeben. Aber das genügt ihm: ein zwanzigminütiges Nickerchen während der Arbeitszeit gehört in Japan zum guten

Ton. Findet das Nickerchen in der Öffentlichkeit statt, auf einer Parkbank etwa oder in der U-Bahn stehend, eingezwängt zwischen Tausenden von Pendlern, nennen sie es »Inemuri«. Wer sogar ein eigenes Wort dafür hat, dem muss die Sache wichtig sein.

So ein Power Nap hilft sogar der schlanken Linie. Wer nach dem Mittagessen müde ist, greift gern mal zu Naschwerk im Glauben, das mache ihn wach. Tut es aber nicht. Im Gegenteil! Schlafen Sie lieber ein halbes Stündchen nach dem Kantinengang. Ihre Taille wird es Ihnen danken. Und Ihr Herz! Nachgewiesenermaßen verringert ein Mittagsschläfchen die Gefahr, einem Herzinfarkt zu erleiden, um fast 40 Prozent! Sie sehen, mit einem Nickerchen liegen Sie immer richtig!

Ob mit oder ohne Stress tagsüber, wir Menschen sind auf ausreichend Schlaf genauso angewiesen wie Katzen, sonst werden wir krank. In den behütenden Armen von Morpheus, dem griechischen Gott des Schlafes und des Traums, verbringen wir rund ein Drittel unserer Lebenszeit. Körper und Gehirn brauchen diese Ruhe, um wieder Kraft zu schöpfen. Bekommen wir nicht genügend Schlaf, leidet das Immunsystem, die Gedächtnisleistung sinkt, der Hormonstoffwechsel gerät aus dem Tritt. Im Schlaf verarbeitet das Gehirn die Eindrücke, die es den Tag über gesammelt hat, ob wir ein Erlebnis nun bewusst wahrgenommen oder etwas nur im Augenwinkel gesehen haben. Informationen aus dem Kurzzeitgedächtnis übernimmt das Gehirn ins Langzeitgedächtnis: wir lernen. Bestimmt haben Sie schon mal von dem Trick gehört, sich die gerade gelernten Vokabeln des Sprachkurses unters Kopfkissen zu legen, damit sie sich besser einprägen. Das funktioniert tatsächlich!

Haben Sie Schwierigkeiten mit dem Einschlafen? Trösten Sie sich, damit sind Sie garantiert nicht allein. Aus dem Zen kennen wir die Empfehlung, vor dem Schlafen zu meditieren. Dies kann eine Sitzmeditation sein (Zazen) oder eine Gehmeditation (achtsames, langsames Gehen, wobei Sie sich auf die einzelnen Phasen des Fußabrollens konzentrieren). Wichtig ist, die Meditation mit geschlossenen Augen in einem abgedunkelten und geräuscharmen Raum auszuführen. Das ermöglicht es uns, unsere Gedanken ebenso loszulassen wie das gesamte Reizgewitter, das den Tag über auf uns eingeprasselt ist.

Auch Rituale können hilfreich sein. Vor dem Zubettgehen regelmäßig dieselben Handlungen auszuführen, stimmt den Körper auf die Nachtruhe ein. Schalten Sie am besten eine Stunde vor Schlafenszeit alle strahlenden Elektronikgeräte aus: Computer, Fernseher, Tablet. Gehen Sie lieber eine kurze Runde um den Block, langsam und achtsam für die Geräusche der Nacht. Stellen Sie einen ganz gewöhnlichen Wecker neben Ihr Bett, statt sich von Ihrem Smartphone wecken zu lassen. Allein das Wissen, dass sich dieses Gerät, mit dem Sie immer erreichbar sind, in greifbarer Nähe befindet, kann das Einschlafen schon empfindlich stören. Lesen Sie vor dem Schlafengehen ein paar Seiten in einem nicht zu anregenden Schmöker.

Und sollte es Ihnen gar nicht gelingen, zur Ruhe zu kommen, schauen Sie sich im Internet das Video einer schlafenden Katze an. Nichts wirkt beruhigender als der Anblick einer friedlich dösenden Katze. Schauen Sie genau hin, wie sich ihre Bauchdecke beim Atmen hebt und senkt, wie die Schnurrhaare manchmal vibrieren. Merken Sie, wie es wirkt? Was auch immer Ihnen gerade noch auf der Seele lag und Sie am Einschlafen hinderte, gerät in Vergessenheit wie eine geplatzte Seifenblase. Auf einmal werden Sie innerlich ruhig und gaaaaanz schläääfrig ... Zzzzzzz.

Hören Sie auf Ihren Körper!
Nutzen Sie diese Katzen-
Wunderkraft zu Ihrem
Besten und schlafen Sie,
wenn Sie müde sind.

Der besondere Einschlaftipp: Wechselatmung

Die Wechselatmung, *Anuloma Viloma*, ist eine im Yoga praktizierte Atemübung. Sie geht in der Yogapraxis dem Sonnengruß voraus. *Anuloma Viloma* reinigt die Energiekanäle und stärkt die Lunge. Die Phasen des Atemanhaltens sind Training für Herz und Kreislauf.

Im Yogazyklus wird die Wechselatmung im gekreuzten Sitz (Schneidersitz) praktiziert, aber da wir gerade einschlafen wollen, üben wir im Liegen.

Schritt 1
Machen Sie es sich in Seitenlage bequem und schließen die Augen. Atmen Sie ruhig und gleichmäßig durch die Nase.

Schritt 2
Atmen Sie durch beide Nasenlöcher tief ein.

Schritt 3
Verschließen Sie mit dem Zeigefinger sanft das rechte Nasenloch.

Schritt 4
Halten Sie den Atem einen kurzen Moment an und atmen Sie dann durch das linke Nasenloch langsam und tief aus.

Schritt 5

Nach einer kurzen Atempause holen Sie durch das linke Nasenloch tief Luft.

Schritt 6

Während Sie danach den Atem halten, lösen Sie den Zeigefinger vom rechten Nasenloch und verschließen stattdessen das linke Nasenloch.

Schritt 7

Atmen Sie jetzt durch das rechte Nasenloch aus und nach einer kurzen Pause ebenfalls durch das rechte Nasenloch wieder ein.

Schritt 8

Während Sie den Atem kurz anhalten, lassen Sie das linke Nasenloch los und verschließen stattdessen das rechte.

Wiederholen Sie Schritt 4 bis 8 einige Male.

Die Übung balanciert die Aktivitäten Ihrer beiden Gehirnhälften aus und wirkt harmonisierend auf das Nervensystem. Sie schenkt Ihnen innere Ruhe und sorgt für emotionales Gleichgewicht. Atmen Sie ruhig weiter und genießen Sie den Übergang ins Land der Träume.

Übung #1: Runterkommen

Wenn Ihnen tagsüber mal wieder alles zu viel wird, gönnen Sie sich, falls sich kein Schlafplatz findet, eine kurze Auszeit im Wachen. Lassen Sie Ihren Blick aus dem Fenster schweifen bis zu einem Punkt in der Ferne oder, falls das nicht geht, lassen Sie ihn auf einem Gegenstand in Ihrer Nähe ruhen. Konzentrieren Sie sich auf diesen Punkt und auf seine Farbe. Sie sehen ab jetzt nichts mehr als diese Farbe. Atmen Sie dabei ruhig und entspannt in den Bauch. Wenn Gedanken durch Ihren Kopf fluten, lassen Sie sie einfach ziehen. Konzentrieren Sie sich weiter auf diesen Punkt. Ruhe breitet sich aus, während Ihre Aufmerksamkeit nur diesem Punkt gilt. Genießen Sie diese innere Stille für ein paar Minuten. Dann pressen Sie einmal fest die Augen zu und lösen sich von dem Punkt. Jetzt können Sie es wieder mit allen anderen Punkten aufnehmen.

Übung #2: Ihren natürlichen Rhythmus finden

Spüren Sie, wann Sie müde sind? Prima! Dann folgen Sie diesem Bedürfnis umgehend, wenn es die Umstände erlauben. Ob am Wochenende oder nach Feierabend in Ihrer Freizeit, wann immer Ihnen danach ist, legen Sie sich aufs Ohr und gönnen Sie sich eine Portion Schlaf. Eine Viertelstunde oder zwanzig Minuten genügen vollauf, damit Sie wieder voller Energie sind und wach und frisch Ihrem Freizeitvergnügen nachgehen können. Achten Sie darauf, dass die Schlafphase kurz genug ist, um nicht in den Tiefschlaf zu fallen, das könnte kontraproduktiv sein, und Sie fühlen sich anschließend schlapp und vernebelt statt wach und energiegeladen. Stellen Sie sich also sicherheitshalber einen Wecker.

Katzen tun übrigens genau das: Sie hören auf Ihren Körper. Auch uns tut das gut, und zwar in jeglichen Belangen. Der Körper ist im Zweifel schlauer als unser Kopf.

Übung #3: Abschalten

Im Yoga gibt es die sogenannte *Totenstellung* (*Shavasana*). Sie wird zu Beginn und am Schluss jeder Yogasequenz praktiziert und ist bestens dazu geeignet, einmal alles loszulassen.

Legen Sie sich in Rückenlage auf den Boden, am besten auf eine weiche Matte. Wenn Sie Rückenprobleme haben, schieben Sie ein nicht zu dickes Kissen unter ihre Lendenwirbelsäule. Breiten Sie die Arme etwas seitlich vom Körper entfernt aus, die Handrücken berühren den Boden. Nun schließen Sie die Augen und konzentrieren sich darauf, gleichmäßig und ruhig in den Bauch zu atmen. Spüren Sie, wie sich die Bauchdecke beim Einatmen hebt und beim Ausatmen wieder senkt. Mit jeder Ausatmung lassen Sie Ihre Gedanken mehr und mehr los. Ihr Körper wird schwerer und schwerer, Sie sinken mit jedem Atemzug tiefer in die Matte ein. Wenn ein Gedanke aufkommt, lassen Sie ihn ziehen wie die Wolken am Himmel, kehren Sie mit Ihrer Aufmerksamkeit zu Ihrer Bauchatmung zurück. Wenn Sie möchten, spüren Sie den einzelnen Auflagepunkten Ihres Körpers nach. Fangen Sie damit bei den Fersen an und wandern nach oben: Waden, Oberschenkel, Gesäß, Rücken, Schultern, Hände, Unterarme, Ellenbogen, Oberarme bis hin zum Kopf. Ihre Muskeln entspannen sich, Sie lassen alles los. Verweilen Sie, solange Sie möchten, in dieser Stellung und genießen Sie die wohltuende Entspannung. Wenn Sie sich ausgeruht genug fühlen, zählen Sie von eins bis zehn, dann nehmen Sie einen tiefen Atemzug und strecken Ihre Gliedmaßen in alle Richtungen. Gähnen Sie dabei so herzhaft, wie Sie können, das entspannt die Nackenmuskulatur. Öffnen Sie Ihre Augen. Zum Aufstehen drehen Sie sich auf eine Seite und drücken mit den Armen den Oberkörper in die Höhe. Das schont den Rücken.

Übung #4: Lesen

Wenn sich gerade keine Möglichkeit findet, sich auf dem Boden lang auszustrecken, dann lesen Sie! Fünf, sechs Minuten reichen schon. Welche Sorte Buch, ist egal. Hauptsache, es gefällt Ihnen. Sie wollen sich ja Katzen zum Vorbild nehmen, und die tun nie etwas, das ihnen nicht gefällt! Während Sie lesen, ist Ihr Gehirn damit beschäftigt, den Worten auf dem Papier Sinn zu entnehmen. Es hat dann keine Zeit, Ihnen Unsinn einzuflüstern, wie zum Beispiel, dass Sie unbedingt noch mit Ihrer Kollegin klären müssen, was sie neulich meinte, als sie sagte … Das Vertiefen in den Text sorgt dafür, dass sich Ihre Muskeln entspannen und Ihr Puls sinkt. Nach kurzer Zeit sinkt Ihr Stresslevel messbar und Sie fühlen sich ausgeruht und entspannt.

Übung #5: Power Nap

Pausenzeiten, über den Tag verteilt, geben Ihrem Geist und Ihrem Körper die Ruhe, die sie brauchen, um leistungsfähig und kreativ zu bleiben. Sorgen Sie in Ihrem Tagesablauf deshalb immer wieder für Phasen, in denen Sie sich ausruhen können. Zehn Minuten auf Ihrem Bürostuhl sind oft schon ausreichend. Schließen Sie die Augen, stellen Sie die Füße fest auf den Boden, Ihre Hände ruhen auf Ihren Oberschenkeln. Wenn Ihr Körper längere Pausen braucht, planen Sie solche bewusst in Ihren Tag ein. Sie werden spüren, wie Sie das auf Dauer leistungsfähiger, kreativer, belastbarer, aber auch entspannter und gelassener macht.

Katzen-Wunderkraft #5: Selbstvertrauen

»Schon die kleinste Katze
ist ein Meisterwerk.«

Leonardo da Vinci

Was andere von ihr denken, ist einer Miezekatze schnurrrrrzegal.

Katzen verfügen über ein ausgeprägtes Selbstbewusstsein. Das kann jeder sehen, der einmal eine Mieze dabei beobachtet hat, wie sie ihr Revier abschreitet: Der Kopf ist gehoben, die Ohren sind gespitzt, die Schwanzspitze kreist in alle Richtungen. Hier bin ich, will sie damit sagen, mir gehört die Welt. Ach, was ist das nur wieder für ein wunderschöner Tag!

Woher sie diese Wunderkraft hat, darüber darf spekuliert werden. Vielleicht liegt es daran, dass in ihr noch immer das Herz eines unbesiegbaren Tigers schlummert. Ein Sprichwort amerikanischer Ureinwohner behauptet jedenfalls: »Im Dunkeln sind alle Katzen Leoparden.« Vielleicht geht es aber auch auf ihren ruhmreichen Auftritt zurück, den sie einer islamischen Legende zufolge auf der Arche Noah hatte. Mäuse und Ratten hatten sich auf dem Schiff so vermehrt, dass sie anfingen, Löcher ins Holz zu nagen. Noah bat Gott um Hilfe. Daraufhin nieste ein Löwe und heraus sprang ein Katzenpärchen, das fortan die Mäuse und Ratten in Schach hielt. Als Dank dafür durften die kleinen Fellnasen den Zug der Tiere anführen, als die Arche wieder trockenen Boden erreichte. Und als hätte diese Ehre nicht gereicht, verehrten die Ägypter sie auch noch als Götter! Das haben die Katzen niemals vergessen. Auf solchen Lorbeeren ist wunderbar ausruhen. Zeit für ein Nickerchen!

Im festen Glauben an sich selbst verfolgt die Katze ihr Ziel. Sie weiß um ihre Stärke und dass sie es irgendwie schafft, auf den Kleiderschrank zu klettern oder auf dem Dachfirst zu balancieren. Und den Vogel dort im Busch erlegt sie garantiert. Ein vorbeiflatternder Schmetterling mag sie für einen Moment ablenken, aber sobald er außer Sicht ist, sind die Tage des Sperlings gezählt. Sie beobachtet, sie lauscht, vollkommen auf ihr Ziel konzentriert. Wenn der rechte

Moment gekommen ist, macht sie ihren Zug. Falls der Vogel doch entwischt, probiert sie es wieder ... und wieder ... und wieder. Bis es gelingt. Wenn andere Lebewesen – auch wir Menschen – längst die Flinte ins Korn geworfen haben, startet die Katze einen neuen Versuch. Irgendwann bekommt sie, was sie will.

In allem, was sie tut, ist die Miezekatze sorgsam darauf bedacht, dass es zuallererst ihr gutgeht. Deshalb hat sie den Ruf weg, arrogant zu sein und egoistisch. Bloß weil sie sich niemandes Willen unterwirft? Solch ein negatives Urteil kann nur von einem Menschen stammen, der in der Katze ein Menschlein im Fellkostüm sieht. Aber auch Menschen mit einem starken Gefühl für den eigenen Wert sind manchmal diesem Vorurteil ausgesetzt. Die Katze muss für ihren Lebensunterhalt sorgen, Zweifel oder Mutlosigkeit kann sie sich nicht leisten. Sie wäre eine miese Jägerin, wenn sie nach einem Fehlversuch für immer ihr Bestreben einstellen würde, diese verdammte Maus doch noch zu schnappen ... und sie würde über kurz oder lang verhungern.

Apropos Hunger: Wenn Madame Miez etwas von ihrem Menschen möchte, dann sagt sie das ganz direkt. Miauuu: Wo ist mein Fresschen? Miau: Mach die Tür auf. Miau (etwas gedämpfter): Schau, was für einen tollen Fang ich gemacht hab! Miiiau (laut): Lass mich, ich will jetzt nicht gestreichelt werden.

Die Sprache der Katze lässt kaum Missverständnisse zu, vor allem wenn wir zusätzlich ihre Körpersignale beachten. Stimmliche Kommunikation ist in der Katzenwelt allerdings den Babys vorbehalten. Katzenkinder teilen auf diese Weise mit, wenn sie Futter möchten oder sich allein fühlen. Die Katzenmama weiß dann, was zu tun ist. Als Erwachsene kommunizieren sie eher über Körpersprache – oder mal über Knurren und Fauchen, falls sich ein unerwünschter Eindringling ins Revier vorwagt. Das »Miau« haben sie extra für uns Zweibeiner entwickelt. Ist das nicht eine Ehre?

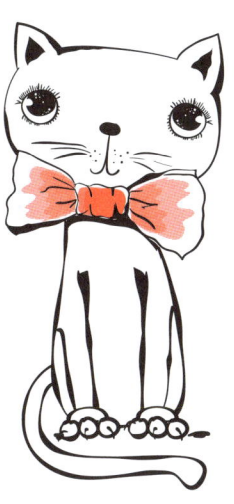

Unsere Fellnasen können nicht nur maunzend ausdrücken, was sie wollen, sie teilen uns auch direkt mit, wie es ihnen geht, mit einem Geräusch, das gemeinhin als das »lieblichste Geräusch der Welt« beschrieben wird: das Schnurren. Oft wird es mit Lächeln verglichen. Es drückt Zuneigung aus und Wohlbefinden. Allein diese Wunderkraft der Katzen, das Schnurren, wäre ein Grund, sich eine anzuschaffen. Auf den Menschen – und auf Artgenossen – wirkt dieses Geräusch wunderbar beruhigend. Wenn Sie schon mal eine Katze auf Ihrem Schoß liegen hatten, die sich zum Ausruhen und Gekrarultwerden eingerollt hat, dann werden Sie das kennen: Ihr Atem beruhigt sich, der Pulsschlag sinkt, eine wohlige Zufriedenheit breitet sich in Ihnen aus. Unser Gehirn produziert verstärkt das Glückshormon Serotonin, wenn sich das Katzenschnurren auf den Menschenkörper überträgt. Wir nehmen die Vibrationen auf und heraus kommt pure Entspannung. Ist das nicht Magie?

Allerdings schnurren Katzen nicht nur zu unserer Beruhigung oder der ihrer Artgenossen, sondern auch für sich selbst, sobald Gefahr droht. Wenn sich Ihre Katze also ganz klein macht, den Kopf geduckt zwischen den Vorderpfoten, und dabei schnurrt, dann bedeutet das so viel wie: Ich habe Angst, hilf mir. Dann sollten wir Menschen rasch etwas unternehmen, um das, was der Katze Angst macht, so schnell wie möglich abzustellen – einen Fehlalarm am Rauchmelder beispielsweise.

Mit einem Schnurren sagt die Katze mehr als wir Menschen manchmal mit tausend Worten. Aber so positiv, wie wir Menschen das Schnurren meistens interpretieren, ist es nicht immer, jedenfalls nicht, wenn man Maus oder Spatz ist. Gelegentlich schnurren Katzen nämlich auch ihre Beutetiere an – kurz bevor sie zum tödlichen Biss im Nacken ansetzen.

In puncto Selbstvertrauen und Gefühleäußern sind Katzen also wahre Zen-Meister. Das Zitat »Selbstvertrauen ist nicht ein Gefühl von Überlegenheit, sondern von Unabhängigkeit« des Lama Yeshe füllen sie mit Leben. Was hindert Sie daran, sich selbst voll und ganz zu vertrauen? Fehlt Ihnen der Mut, das zu tun, was Sie wirklich wollen? Haben Sie Angst davor, Fehler zu machen? Glauben Sie, Sie könnten an die Erfolge anderer nicht heranreichen?

Mit solchen Gedanken schaden Sie sich nur selbst. Nehmen Sie sich die Katze zum Vorbild. Sie zweifelt keine Sekunde an ihren Fähigkeiten.

Prüfen Sie Ihre Vorbehalte so sachlich wie möglich. Entsprechen Sie der Realität? Fehlt Ihnen eine Fähigkeit, die Sie zum Erreichen eines Ziels brauchen? Nun gut, alles lässt sich lernen. Ist der andere – als Mensch – wirklich besser als Sie? Auf gar keinen Fall! Sie sind gut, so wie Sie sind. Vielleicht nicht perfekt, aber gut. Das Leben ist niemals perfekt, und auch der andere Mensch, mit dem Sie sich vergleichen, ist das nicht. Holen Sie Ihre Erwartungen zurück auf den Boden der Realität und gehen Sie an, was Sie sich so sehr wünschen. Es ist besser, zu scheitern oder zu entdecken, dass das Gewünschte Ihnen doch nicht das brachte, was Sie sich davon versprochen haben, als sich irgendwann einmal vorzuwerfen, es nie versucht zu haben. Beweisen Sie Mut! Sie sind es sich wert!

Verwenden Sie die Katzen-Wunderkraft *Selbstvertrauen* auch dafür, sich selbst ab und zu etwas Gutes zu tun. Kümmern Sie sich wirklich, wirklich ausreichend um Ihr eigenes Wohlbefinden. Niemand kann Ihnen das abnehmen! Es sei denn, jemand vergöttert Sie derart, dass er oder sie Ihnen jeden Wunsch von den Augen abliest. Glückwunsch! Sie haben das große Los gezogen. Für alle anderen von uns gilt, dass wir selbst dafür sorgen müssen, dass es uns gutgeht. Gönnen Sie sich eine Auszeit ganz für sich allein oder mit Freunden. Machen Sie sich ab und zu mal selbst ein Geschenk. Kaufen Sie sich einen Strauß Blumen, wenn das sonst niemand tut. Essen Sie in einem guten Restaurant, statt selbst zu kochen. Melden Sie sich zum Yogakurs an oder buchen Sie ein Wellness-Wochenende. Alles, womit Sie Ihr Wohlergehen fördern, ist recht.

Das fürsorglichste Geschenk, das wir uns selbst ab und zu machen können, ist ein klar artikuliertes »Nein«. Wie oft kommt es vor, dass wir Dinge für andere erledigen, obwohl wir gerade nicht gestört werden möchten oder mit anderem beschäftigt sind, das uns wichtiger ist. Doch weil wir hilfsbereit sind und niemanden vor den Kopf stoßen wollen, tun wir, worum wir gebeten werden. Wir nehmen die Bedürfnisse anderer wichtiger als unsere eigenen. Bis wir irgendwann unsere eigenen Wünsche völlig aus dem Blickfeld verlieren. Lassen Sie es nicht so weit kommen. Haben Sie keine Angst, als selbstsüchtig zu gelten, wenn Sie klar und deutlich aussprechen, was Ihre Bedürfnisse sind. Erlauben Sie sich das! Sie müssen ja nicht gleich die Krallen ausfahren.

Eine Katze lässt uns Menschen wissen, wann sie eine Streicheleinheit braucht. Tun Sie das doch auch mal. Nehmen Sie Ihren Liebsten in den Arm und bitten Sie ihn darum, Sie eine Weile fest zu drücken. Lassen Sie andere Menschen an Ihren Gefühlen teilhaben, machen Sie deutlich, wenn Sie sich unbehaglich fühlen oder wenn Sie sich freuen. Wenn Sie sich Ihren Mitmenschen gegenüber öffnen, werden die das auch tun.

Es braucht Mut, andere an unserem Gefühlsleben teilhaben zu lassen. Der ist leichter aufzubringen, wenn wir vertrauen, in uns und in das, was die Welt täglich für uns bereithält. Im »Vertrauen« ist der Mut schon drin: trauen, sich trauen, sich selbst etwas zumuten. Mit jedem Sprung über den eigenen Schatten werden wir sicherer, gewinnen noch mehr Vertrauen in uns selbst. Dann hat die Angst keine Chance mehr.

Alles, was Sie wollen, können Sie erreichen.

Wenn Sie Ihr Ziel klar vor Augen haben und anderen gegenüber artikulieren, was Sie brauchen, wird Ihnen alles gelingen! Ihr erfülltes Leben ist nur einen Katzensprung entfernt. Zögern Sie nicht: Springen Sie!

Der besondere Selbst-
vertrauenstipp: Yoga

Wenn unser Selbstwertgefühl am Boden ist, brauchen wir etwas, um es wieder auf die Beine zu bringen. Yoga kann dafür ausgesprochen nützlich sein. Die Kombination aus Körperübungen, Achtsamkeit und Meditation ist bestens dafür geeignet, mit unserem Körper und unseren Wünschen wieder in Kontakt zu treten und das Vertrauen in uns selbst zu stärken.

Yogawirkung 1: Selbstliebe erlernen

In jeder Yogastunde lernen wir, achtsam und mitfühlend mit uns selbst umzugehen. Auch in unserer Beziehung zu uns selbst sind Druck und Zwang schädlich. Yoga lehrt uns, geduldig zu sein und in den Übungen nur so weit zu gehen, wie es unser Körper zulässt. Dabei schauen wir liebevoll nach innen, auf unsere Empfindungen.

Yogawirkung 2: Geist stärken

Ob Sie nun schwitzend in einer anstrengenden Asana verweilen oder mit geschlossenen Augen tief in einer Meditation versunken sind, Yoga Praktizierende sind starke Krieger, die auch dem Unangenehmen mit vollem Bewusstsein entgegentreten. Die Übungen verleihen uns Kraft und innere Stärke.

Yogawirkung 3: Akzeptieren lernen

Unser Unglück rührt meistens daher, dass wir die Dinge gern anders hätten, als sie gerade sind. Im Yoga lernen wir wohlwollende Akzeptanz. Die Dinge sind, wie sie nun mal im Moment sind. Diesem Moment geben wir uns hin und stellen uns der Herausforderung.

Yogawirkung 4: Sinn erfahren

Im Yoga sind wir alle Übende. Wir erfahren neue Perspektiven in den Übungen, lernen, die Welt mit anderen Augen zu sehen. Niemand drückt uns den Stempel »Kollegin«, »Freund«, »Feind« auf. Im Yoga sind wir alle gleich. Jeder ist mit seinen Fähigkeiten und mit seiner Präsenz gut, so wie er ist.

Yogawirkung 5: Inspiration erleben

Jede Yogasitzung stärkt den Bewegungsapparat und unser Körperbewusstsein. Das hebt das Vertrauen in uns selbst. Nach und nach trauen wir uns mehr zu, werden mutiger, probieren neue Asanas, wagen uns weiter vor. Die Konzentration auf die Übungen befreit unseren Geist und macht uns empfänglich für die Katzen-Wunderkraft *Inspiration*.

Übung #1: Erfolge zelebrieren

Wenn Erfolge auf sich warten lassen und Sie kurz davor sind, etwas aufzugeben, kann es hilfreich sein, sich an vergangene Erfolge zu erinnern. Gehen Sie dazu ruhig bis in Ihre Kindheit zurück und rufen Sie sich all die Erfolge in Erinnerung, die Sie bereits hatten. Wie hat es sich angefühlt, zum ersten Mal allein mit dem Fahrrad zu fahren? Hatten Sie sportliche Erfolge? Oder wie war es, endlich den Job zu bekommen, den Sie sich so sehnlich gewünscht haben?

All diese vergangenen Erfolge können unsere Katzen-Wunderkraft *Selbstvertrauen* befeuern. Machen Sie es sich zur Angewohnheit, jeden Abend vor dem Schlafengehen den Tag noch einmal durchzugehen. Erinnern Sie sich an all die fantastischen Dinge, die Ihnen heute gelungen sind. Selbst an ereignisarmen Tagen werden Sie etwas finden, das es wert ist, sich daran zu erinnern. Feiern Sie jeden noch so kleinsten Erfolg. Das hebt die Stimmung. Und morgen ist ein neuer großartiger Tag für neue großartige Erfolge!

Übung #2: »Nein« sagen

Fast jeder Katzenbesitzer hat schon einmal schmerzlich erfahren müssen, wie es sich anfühlt, wenn das Schmusetierchen etwas ganz und gar nicht will. Dann nämlich fährt es die Krallen aus und zögert keine Sekunde, uns eine Scharte in die Hand zu wetzen. Deutlicher kann ein »Nein« nicht ausfallen.

Haben Sie Schwierigkeiten damit, »Nein« zu sagen? Damit sind Sie garantiert nicht allein. Ein »Nein« braucht Übung. Wir sind darauf trainiert, dass »Ja« etwas Gutes ist, dass ein »Ja« etwas ist, womit wir anderen gefallen – oder anderen einen Gefallen tun. Aber

oft spüren wir nach einem spontanen »Ja« den Kloß des Zweifels im Hals. Meine Güte, denken wir, worauf habe ich mich da bloß eingelassen?

Bei der nächsten Ja/Nein-Frage oder Bitte, die jemand an Sie richtet, tun Sie Folgendes:

1. Holen Sie tief Luft und spüren Sie in sich hinein. Was spüren Sie? Einen Anflug von Widerwillen?
2. Atmen Sie möglichst ruhig. Zählen Sie im Geist bis zehn. Ist der Widerwille immer noch da?
3. Verlassen Sie sich ganz auf Ihre Katzen-Wunderkraft *Intuition*. Dann entscheiden Sie. Wenn Sie lieber ablehnen möchten, sagen Sie höflich: »Nein, danke« oder: »Ich möchte das lieber nicht.«

Hilfreich kann es sein, dies vor dem Spiegel zu trainieren. Das mag Ihnen komisch vorkommen, aber im Spiegel können Sie leicht testen, wie überzeugend Sie wirken. Wenn Ihnen Ihr eigener Gesichtsausdruck zu lasch erscheint, sprechen Sie noch bestimmter. Aber bleiben Sie unbedingt höflich. Mit jedem »Nein«, mit dem Sie unerwünschten Bitten begegnen, steigt Ihr Selbstvertrauen.

Übung #3: Liste positiver Eigenschaften

Hat sich Ihr Selbstvertrauen mal wieder im hintersten Winkel Ihres Herzens verkrochen, kann es hilfreich sein, etwas zu haben, das Sie daran erinnert, was für ein wunderbarer Mensch Sie sind. Erstellen Sie eine Liste mit all jenen Eigenschaften, die Sie an sich selbst besonders mögen. Fragen Sie auch Ihre Familie und Ihre Freunde,

was sie an Ihnen so schätzen. Diese Liste bewahren Sie an einem Ort auf, an dem Sie möglichst schnell Zugriff darauf haben. Schreiben Sie die Liste auf ein hübsches Stück Papier und pinnen Sie es an Ihren Kühlschrank. Gönnen Sie sich den Luxus, die Liste jeden Tag zu lesen. Ihr Selbstbewusstsein kann diesen Boost vertragen! Oder schicken Sie die Liste per E-Mail an sich selbst. Die Webseite futureme.org bietet diesen Service an. Welch eine Überraschung, eines Tages Post im virtuellen Briefkasten vorzufinden, die Ihnen sagt, wie großartig Sie sind!

Übung #4: Selbstfürsorge

Selbstfürsorge ist eine wichtige Zutat für ein erfülltes Leben. Wir geben Acht auf das, was uns wichtig ist, und übernehmen die Verantwortung für unser Wohlergehen. Von den Ansprüchen anderer an uns und von deren Anerkennung machen wir uns unabhängig. Wir achten auf unsere Gesundheit und gehen in stressigen Zeiten liebevoll und nachsichtig mit uns selbst um. Selbstfürsorge ist der Weg in die innere Freiheit. Sie macht uns stark, schenkt uns Selbstvertrauen, gibt uns die Kraft, uns den Herausforderungen des Lebens jeden Tag aufs Neue mutig zu stellen und das Beste daraus zu machen.

Um Ihre Selbstfürsorge zu stärken, wählen Sie einen der folgenden Affirmationssätze aus, ganz intuitiv, je nachdem, welcher Sie gerade anspricht. Wiederholen Sie den Satz im Geist für sich zehnmal am Morgen und zehnmal am Abend vor dem Zubettgehen:

- Ich sorge gut für mich und achte darauf, meine Kräfte einzuteilen.
- Ich übernehme Verantwortung für mich, kümmere mich um meine Bedürfnisse und setze klare Grenzen.
- Ich gehe achtsam mit meinen Gefühlen um. Niemand kann mich verletzen, denn es ist meine Entscheidung, wie ich auf andere Menschen reagiere.
- Ich bin kreativ und finde eine Lösung.

Übung #5: Atem des Lebens

»In dem Moment, in dem du wirklich mit deinem Atem verbunden bist, strömt das Universum in dich hinein.« Dies sagte Yogi Bhajan, ein Meister des Kundalini-Yoga.

Wenn wir müde oder erschöpft sind oder uns gestresst fühlen, schenkt uns die Feueratmung frische Energie. Sie betont das Ein- und Ausatmen gleichermaßen und ist deshalb für jeden Menschen geeignet. Länger geübt, erweist sich diese Atemtechnik als wahrer Fettkiller. Und wenn wir über den Tag im Körper zu viel Druck aufgebaut haben, hilft sie uns, einmal richtig Dampf abzulassen. Im Nebeneffekt stärkt sie auch noch die Bauchmuskulatur.

Kommen Sie in einen aufrechten und bequemen Sitz. Verwurzeln Sie sich mit Beinen und Becken tief im Boden.

Werden Sie sich Ihrer senkrechten Körperachse bewusst. Sie beginnt beim Beckenboden über die Wirbelsäule, die Schultern, den Nacken und reicht bis hinauf zum Kopf und zu Ihrem Scheitel. Richten Sie Ihre Haltung daran aus.

Entspannen Sie Ihre Atmung und lauschen Sie mit geschlossenen Augen auf das Ein- und Ausströmen der Luft.

Starten Sie nun den Feueratem. Dafür atmen Sie in gleicher Intensität schnell und rhythmisch durch die Nase ein und aus.

Beim Ausatmen ziehen Sie Ihren Bauchnabel Richtung Wirbelsäule, beim Einatmen entspannen Sie die Bauchdecke wieder, sie wölbt sich nach außen. Finden Sie Ihren Rhythmus, in dem Sie entspannt atmen können. Atmen Sie weiter und schwingen Sie sich mehr und mehr auf die Feueratmung ein. Um die Atmung noch bewusster zu spüren, können Sie eine Hand auf Ihren Bauch legen, etwas oberhalb des Nabels.

Fahren Sie mit dem Atmen fort, zunächst für eine Minute. Dehnen Sie die Übungszeit nach und nach auf drei bis fünf Minuten aus. Mit jedem Atemzug lädt sich Ihre innere Batterie weiter auf.

Verweilen Sie nach der Übung noch eine Weile im aufrechten Sitz und spüren Sie den Empfindungen in Ihrem Körper nach.

Beenden Sie die Übung mit einem positiven Satz wie zum Beispiel: »Ich habe Vertrauen in mich selbst und kümmere mich um mein Wohlbefinden.«

Extraübung: Good vibrations

Lernen Sie schnurren! Die wohltuenden Effekte sanfter, niederfrequenter Vibrationen auf unseren Körper sind gar nicht hoch genug einzuschätzen. Sportler nutzen sie zum Muskelaufbau und zur Stärkung der Knochen. Auch in der Medizin erprobt man die Behandlung von Knochenschwund mit einer Vibrationstherapie. Deshalb: Geben Sie sich voller Achtsamkeit den Minuten hin, in denen Ihre Katze Ihnen ihr Schnurren schenkt – oder produzieren Sie es einfach selbst. Und so geht's:

Machen Sie es sich an einem Platz gemütlich, an dem Sie ungestört sind. Ob Sie sitzen, liegen oder stehen, ist dabei unwichtig. Hauptsache, Sie können frei und ungehindert tief atmen.

Nun nehmen Sie sich einige Atemzüge Zeit, bei sich selbst anzukommen. Spüren Sie in Ihren Körper hinein und atmen Sie tief und ruhig. Wenn Sie sitzen oder liegen, schließen Sie einfach die Augen.

Wenn Sie bereit sind, beginnen Sie beim Ausatmen zu summen: Mmmmmmmh – oder, wenn Sie mögen, beginnen Sie mit einem offenen Ooooo, das in ein Mmmmmh übergeht. Probieren Sie verschiedene Tonhöhen und lauschen Sie in Ihre Brust und Ihren Bauch, wie die Schwingungen Ihrer Stimme dort wirken. Dann bleiben Sie bei der Tonlage, die Ihnen am besten gefällt.

Jetzt verstärken Sie den Summton, werden Sie lauter: MMMMmmmmh. Legen Sie all Ihre Kraft in das Summen. Negative Gefühle verfliegen, Ihr Körper füllt sich mit angenehmen Gefühlen.

Nun werden Sie wieder leiser. Summen Sie noch einige Atemzüge weiter und achten Sie dabei darauf, wie das Vibrieren sich in Ihrem ganzen Körper fortsetzt, bis hinunter in die Zehenspitzen.

Wenn Sie genug vom Schnurren haben, nehmen Sie zum Abschluss noch zwei tiefe Atemzüge, bevor Sie die Augen wieder öffnen. Strecken Sie sich genüsslich, gähnen Sie, wenn Ihnen danach ist, und sagen Sie zum Abschluss der Übung zu sich selbst:

»Ich spreche mit wahrer Stimme und drücke mich klar aus.«

Om!

Katzen-Wunderkraft #6: Achtsamkeit

~~~~~~~~~~~~~~~~~~~~~~~~~~~~~~~~~~~~~

»Alle Lebewesen, außer den Menschen,
wissen, dass der Hauptzweck des Lebens
darin besteht, es zu genießen.«

Samuel Butler

~~~~~~~~~~~~~~~~~~~~~~~~~~~~~~~~~~~~~

Multitasking ist für Katzen ein Fremdwort!

Schüler fragten ihren Zen-Meister, wie es komme, dass er so zufrieden und glücklich sei.

»Wenn ich stehe, dann stehe ich, wenn ich sitze, dann sitze ich, wenn ich esse, dann esse ich, wenn ich liebe, dann liebe ich«, antwortete der Meister.

»Aber Meister, das tun wir doch auch. Warum sind wir nicht so glücklich wie du?«, fragten die Schüler wiederum.

»Wenn ihr sitzt, dann denkt ihr schon ans Aufstehen. Wenn ihr steht, überlegt ihr, was ihr essen sollt. So sind eure Gedanken ständig woanders und nicht da, wo ihr gerade seid. Das Leben findet in dem kaum messbaren Augenblick zwischen Vergangenheit und Zukunft statt. Lasst euch auf diesen Augenblick ein und ihr habt die Chance, wirklich zufrieden und glücklich zu sein.«

In genau diesem kaum messbaren Augenblick lebt die Katze. Vergangenheit und Zukunft sind ihr fremd. Bei allem, was sie tut, ist sie voll und ganz bei der Sache. Ihre wundervollste Wunderkraft, aus der beinahe alle anderen resultieren, ist *Achtsamkeit*. Sie lebt ausschließlich im Hier und Jetzt. Wenn sie frisst, dann frisst sie. Wenn sie jagt, dann jagt sie. Und wenn sie döst, dann döst sie – und zwar so lange, bis irgendetwas ihre niemals müde Aufmerksamkeit erregt. Dem gibt sie sich dann wieder mit all ihren Sinnen, mit all ihrem Sein hin.

Bewundernswert, oder?

Haben Sie Ihre Katze schon einmal dabei beobachtet, wie sie still und reglos dasitzt und einen für Sie nicht auszumachenden Punkt in der Ferne fixiert? In solchen Momenten scheint die Mieze völlig weggetreten zu sein, wie in einem Trancezustand, so als befände sich ihr Geist gerade in einer anderen Welt. Dennoch registriert sie alles, was um sie herum vorgeht.

Diese Eigenschaft, sich aus dem sie umgebenden Trubel völlig aus-zuklinken, hat schon frühe Kulturen fasziniert. Ein alter englischer Volksglaube behauptet, durch die Augen einer Katze würden Feen-königinnen einen Blick in unsere Welt werfen. Und umgekehrt sei es uns Menschen möglich, durch die Augen der Fellnasen in die Anderswelt zu blicken, ins Reich der Elfen und Zauberer.

Ob Sie nun diesem volkstümlichen (Aber-)Glauben folgen oder nicht, eines ist sicher: Was die Katze da gerade tut, ist gelebtes Zen. Sie macht uns vor, wie Meditieren geht. Wie ein stummer Buddha sitzt sie da, die Augen halb oder ganz geöffnet, tief versunken in in-nerem Frieden, nichts kann sie jetzt aus der Ruhe bringen. Versu-chen Sie es auch besser nicht, sonst könnte es sein, dass die Mieze die Störung mit einem Krallenhieb kommentiert. Sie mag noch so weggetreten wirken, in Wahrheit ist sie wachsam wie eh und je. Was um sie herum passiert, nehmen ihre Sensoren bis hin zum leisesten Windhauch wahr.

Als geborene Jägerin braucht sie diese Wunderkraft der *Achtsamkeit*. Was sie da vor sich fixiert – und was für uns unsichtbar erscheint –, könnte Beute sein. Wenn sie still verharrt, sich auf diesen einen Punkt konzentriert, dann erwischt sie garantiert den passenden Moment zum Zuschlagen, und nur darauf kommt es für sie an. So erreicht die Mieze die perfekte Balance zwischen entspanntem Dasein und höchster Aufmerksamkeit. Damit tun sich selbst eingefleischte Yogis manchmal schwer.

Diese Wunderkraft hat aber noch eine andere Facette. Ob ein Vogel im Baum oder ein Gänseblümchen, ein Fleck auf dem Boden oder eine Fliege an der Wand, die Katze beobachtet alles mit demselben Gleichmut. Sie urteilt nicht, ob ihr das Gänseblümchen gefällt oder ob ihr die Fliege lästig werden könnte. Gut oder schlecht, richtig oder falsch, solche Kategorien haben wir Menschen erfunden. Unsere felinen Freunde bewerten nie, sie betrachten ihre Umgebung zu jeder Zeit mit Respekt. Die Welt ist, wie sie ist, und das akzeptiert die Katze bedingungslos. Niemals würde eine Katze denken: »Ich hätte das Gänseblümchen aber lieber in Rosa« oder: »Warum ist mein Fell grau mit Streifen und nicht weiß wie Schnee?« – wenn sie denken könnte. Sie ist eine Meisterin der Gelassenheit, des Gleichmuts, der Toleranz – und damit der Selbstliebe.

Und was tun wir?

Zerbrechen uns den Kopf darüber, ob das Kleid, das wir neulich im Internet gesehen haben, uns genauso gut stehen würde wie dem Model, das es trug, oder hadern mit dem Schicksal, weil es regnet, obwohl wir einen Ausflug geplant haben und uns dringend gutes Wetter wünschen. Gerade über Letzteres, das Wetter, können wir Menschen uns so richtig aufplustern und in Rage reden. Weihnachten ohne Schnee? Schon ist die Stimmung verhagelt. Regen im Urlaub? Um Himmels willen! Dafür würden wir am liebsten den Reiseveranstalter verklagen. Ganze Gedankenspiralen schließen sich an, die stetig abwärtsführen, negativer und negativer werden, bis wir mit Ärger und Zorn angefüllt sind. Kein angenehmes Gefühl – und überhaupt nicht katzenmäßig.

Fragen Sie sich doch einmal selbst, ob das wirklich nötig ist. Können Sie am Wetter etwas ändern? Nein, natürlich können Sie das Wetter nicht ändern. Niemand kann das. Wir müssen es hinnehmen, wie es ist, und damit tun wir Menschen uns oft schwer. Statt zu akzeptieren, was ist, lamentieren wir, klagen über Zustände, suchen nach Verantwortlichen, die wir in die Pflicht nehmen können, wenn etwas nicht so läuft, wie wir uns das vorstellen. Unser Gehirn ist beständig damit beschäftigt, Erlebnisse, Äußerungen, Empfindungen unseres Körpers in Schubladen zu stecken, auf denen »gut« steht oder »schlecht«, »richtig« oder »das gehört sich nicht«. Aus solchen Bewertungen ziehen wir Zufriedenheit, wenn sie positiv ausfallen, oder tiefgreifende Unzufriedenheit.

So haben wir das gelernt, seit wir auf der Welt sind. Viele dieser Urteile vollziehen sich in Millisekunden, meist entziehen sie sich sogar dem bewussten Verstand, manche haben wir uns von anderen abgeschaut. Wir denken über diese Bewertungen gar nicht mehr nach. Eine im Regen feucht gewordene Socke empfinden wir als unangenehm, sie bekommt den Aufkleber »schlecht«, wir fürchten eine Erkältung und jammern. Wir essen ein Stück Schokolade, lieben den Geschmack, tun den Aufkleber »lecker« darauf und freuen uns, weil wir eine Belohnung damit verbinden.

In der Urzeit des Menschseins, als wir noch ohne feste Behausung als Jäger und Sammler umherstreiften, hing unser Überleben von raschen Zuordnungen ab. Wer ist Freund, wer ist Feind? Heute, mit Dach über dem Kopf und einer gesicherten Existenz, geht es nicht mehr ums Überleben, wir wünschen uns ein Leben in Harmonie und Zufriedenheit. Dafür können wir selbst eine Menge tun. Wir sind keine Opfer der Umstände. Machen wir uns also wieder bewusst, wie solche Bewertungsprozesse ablaufen. Nur dann können wir steuern, wie wir auf Situationen reagieren, die wir als »schlecht« beurteilen, bei denen negative Emotionen aufwallen. Denn: Wir haben die Wahl! Wir können Ereignisse, Dinge, Menschen auch aus anderer Perspektive betrachten. Niemals gibt es nur eine Sichtweise.

Wenn Sie sich das nächste Mal über Ihre Steuerlast ärgern, machen Sie sich bewusst, dass dieses Geld einen Kindergarten mitfinanziert. Wenn Sie das Gefühl haben, die Kolleginnen und Kollegen machen sich über Ihre Arbeit lustig, Sie wissen aber, Sie haben Ihr Bestes gegeben, dann gönnen Sie ihnen ihr Vergnügen. Lachen ist schließlich die beste Medizin. Bleiben Sie in Ihrem *Selbstvertrauen*, üben Sie Mitgefühl, wechseln Sie Ihre eigene Perspektive.

Dabei kann das sogenannte Gelassenheitsgebet eine hilfreiche Stütze sein. Der Theologe Reinhold Niebuhr hat es so aufgeschrieben: »Gib mir die Gelassenheit, Dinge hinzunehmen, die ich nicht ändern kann; den Mut, Dinge zu ändern, die ich ändern kann; die Weisheit, das eine vom anderen zu unterscheiden.« Es geht zurück auf die Stoiker, eine Philosophenschule der Antike, wird manchmal auch Franz von Assisi zugeschrieben. Der Dalai-Lama formulierte es so: »Es gibt nur zwei Tage im Jahr, an denen man nichts tun kann. Der eine ist Gestern, der andere Morgen. Dies bedeutet, dass heute der richtige Tag zum Lieben, Glauben und in erster Linie zum Leben ist.«

Genau! Heute ist der richtige Tag. Die Katze weiß das ganz genau. Heute, hier und jetzt ist der richtige Moment.

Das liest sich so einfach, denken Sie? Recht haben Sie. Wir Menschen sind voller Pläne für die Zukunft, Termine drängen in Beruf und Privatleben, das Herz wird uns schwer, wenn wir an Fehler denken, die wir in der Vergangenheit gemacht haben. Hätten wir doch nur (einen makellosen Körper) … könnten wir doch nur (aus dieser Ehe ausbrechen) … wären wir doch nur (zu einer anderen Firma gegangen) … Man könnte fast meinen, wir wären in diese Zwänge eingesperrt, die uns alltäglich umgeben.

So ganz abstreifen können wir die Umstände nicht, in denen wir leben, schließlich müssen wir Geld für unser Auskommen verdienen und unsere Kinder großziehen. Aber wir können lernen, die Umstände zu akzeptieren und das Beste aus der Situation zu machen. So belastend unsere Lebensumgebung auch sein mag, wir können uns Freiräume schaffen, in denen wir uns in kätzischer Gelassenheit üben. Die Katzen-Wunderkraft *Achtsamkeit* funktioniert immer und überall, ob zu Hause, im Büro oder im Auto an der Ampel. Klingt es nicht verlockend, die Hektik im Büro jederzeit ausblenden zu können? Oder das Kreischen der Kinder, die sich wieder einmal streiten? Manchmal genügt schon eine Minute, in der wir bewusst aus dem Karussell der beständig plappernden und wertenden Gedanken aussteigen und bei uns selbst ankommen: indem wir vor dem Computerbildschirm eine Minute lang die Augen schließen und uns auf unsere Atemzüge konzentrieren; indem wir uns jeden unserer Handgriffe bewusst machen, mit denen wir ein Brötchen belegen oder eine Tasse Kaffee einschenken. Wenn uns das gelingt, stärkt uns die wiedergewonnene Balance, unser innerer Frieden, für den Rest des Tages. Wir werden wieder mehr eins mit uns selbst und können zufriedener auf die Welt blicken. Und wenn wir dann lächelnd von dieser kurzen Auszeit mit der Katzen-Wunderkraft *Achtsamkeit* zurückkehren, wird die Welt zurücklächeln!

Der besondere Achtsamkeitstipp: Ein Stück Schokolade essen

Fangen wir mit dem Einüben von Achtsamkeit mit etwas an, das die meisten von uns genießen: Schokolade.

Wie? Sie mögen keine Schokolade? Dann üben Sie mit einem Apfel oder etwas anderem, das Sie von Herzen gern essen.

Nehmen Sie sich für diese Übung viel, viel Zeit, mindestens zehn Minuten.

Schritt 1
Setzen Sie sich an einen ruhigen, gemütlichen Platz. Richten Sie sich dort ein, machen Sie es sich bequem.

Schritt 2
Nehmen Sie ein Stück Schokolade in die Hand. Schauen Sie es sich genau an, spüren Sie sein Gewicht. Welche Farbe hat es? Welche Konsistenz? Wie ist die Oberfläche gestaltet?

Schritt 3
Haben Sie jetzt schon Lust, es in den Mund zu stecken und den Geschmack zu kosten? Warten Sie damit noch. Nehmen Sie zuerst den Geruch der Schokolade wahr. Wonach riecht sie? Entdecken Sie noch mehr Aromen als das des Kakaos?

Schritt 4

Nun beißen Sie ein winziges Stück von der Schokolade ab. Schließen Sie dabei die Augen. Lauschen Sie, wie es beim Zubeißen knackt. Achten Sie genau darauf, wie die Süße Ihre Zunge trifft. Was empfinden Sie dabei? Tauchen Erinnerungen auf?

Schritt 5

Behalten Sie das winzige Stück Schokolade auf der Zunge und lassen Sie es schmelzen. Ändert sich der Geschmack? Welche Aromen nehmen Sie wahr, während die Schokolade in Ihrem Mund zergeht?

Schritt 6

Beißen Sie nun langsam Stück für Stück weiter von der Schokolade ab und behalten Sie sie so lang wie möglich auf der Zunge, bis nichts mehr davon übrig ist. Wiederholen Sie das Riechen, das Schmecken, das Fühlen der Konsistenz, bis Sie das letzte Fitzelchen hinuntergeschluckt haben.

Schritt 7

Fragen Sie sich selbst: Haben Sie jemals ein Stück Schokolade mit solchem Genuss gegessen?

Schritt 8

Beenden Sie die Übung, indem Sie dem Geschmack auf Ihrer Zunge noch eine Weile nachspüren.

Übung #1: Yoga – das Krokodil

In welcher Haltung gelänge dies leichter als in der Rückenlage? Ausgestreckt auf einer weichen Matte begeben wir uns voller Achtsamkeit hinein in unseren Körper.

Legen Sie sich also flach mit dem Rücken auf den Boden, die Füße stellen Sie etwa hüftbreit auf. Die Arme legen Sie zu beiden Seiten des Kopfs ab, sodass 90-Grad-Winkel von Schulter und Arm bzw. Ellenbogen und Unterarm entstehen. In dieser Position atmen Sie einige Male tief in den Bauch ein und aus.

Mit der nächsten Ausatmung legen Sie beide Beine nach links ab, bis Ihr linkes Bein den Boden berührt. Das rechte Bein folgt und liegt locker auf dem linken Bein. Gleichzeitig lassen Sie den Kopf in die andere Richtung sinken, bis Ihr Ohr die Matte berührt.

Bleiben Sie so für einige bewusste Atemzüge und genießen Sie die Entspannung und die Dehnung im unteren Rücken.

Nach zwei bis drei Minuten wechseln Sie die Seite.

Während Sie einatmen, bringen Sie die Knie wieder in eine aufrechte Position, ebenso Ihren Kopf, und bei der nächsten Ausatmung legen Sie Ihre Beine zur rechten Seite ab, den Kopf zur linken.

Atmen Sie.

Bleiben Sie bei sich.

Lassen Sie sich und Ihren Körper so, wie er gerade ist. Verändern Sie nichts.

Gedanken, die kommen, nehmen Sie wahr, verfolgen Sie aber nicht. Lassen Sie sie fliegen wie die Wolken am Himmel.

Akzeptieren Sie den Augenblick. Akzeptieren Sie sich.

Beenden Sie die Übung nach weiteren zwei bis drei Minuten bewussten Atmens. Danach bringen Sie Knie und Kopf wieder in die Ausgangsposition. Strecken Sie anschließend alle Glieder aus und lösen Sie die Anspannung mit einem tiefen Seufzer. Bevor Sie aufstehen, sagen Sie zu sich selbst:

»Alles ist gut, so wie es ist.«

»Das Glück beginnt damit,
zu dir selbst Ja zu sagen und
dich vollkommen dem
Moment hinzugeben.«

Makarasana – das Krokodil – ist eine Yogaübung im Liegen. Der Fokus liegt auf dem Bewusstwerden des eigenen Körpers und auf der Atmung. *Makarasana* wirkt entspannend, vor allem auf Rücken und Hüfte, gleichzeitig verhilft sie der unteren Wirbelsäule zu mehr Beweglichkeit. Die Übung wirkt vorbeugend gegen Verspannungen im Rücken und hilft bei Menstruationsbeschwerden. Außerdem regt sie die Verdauung an und kann rheumatische und Ischiasbeschwerden lindern. Die Lebensenergie kann in der Übung frei fließen. Gefühle von Glück und Sicherheit, Gelassenheit und Harmonie durchströmen Sie.

Übung #2: An der roten Ampel

Oft stehen wir mit dem Auto an einer roten Ampel und hadern damit, dass wir nicht vorankommen. Kennen Sie das? Beim nächsten Mal, wenn Sie bei Rot halten müssen, nutzen Sie diesen Moment für eine Mini-Achtsamkeitsübung.

Dazu konzentrieren Sie sich ausschließlich auf das rote Licht. Fokussieren Sie es, wie eine Katze die Fliege an der Wand fokussiert. Führen Sie kein Telefonat, während Sie warten. Verstellen Sie nicht die Lautstärke Ihres Autoradios. Verscheuchen Sie die Gedanken daran, was Sie an diesem Tag noch alles zu erledigen haben. Einzig die Ampel zählt in diesem Moment. Richten Sie all Ihre Aufmerksamkeit auf das rote Licht. Atmen Sie und schauen Sie auf die Ampel.

Spüren Sie, wie sich Ruhe in Ihrem Inneren ausbreitet. Sie sind wach, aufmerksam und fokussiert. Hektik und negative Gedanken können Ihnen nichts anhaben. Sie sind ganz bei sich, ganz im Augenblick, ganz bei der Ampel.

Sobald Sie Grün sehen, fahren Sie los.

Übung #3: Mini-Meditation

Stellen Sie sich doch mal die Frage: »Atme ich noch?«

In dem Moment, in dem Sie prüfen, ob Sie noch atmen, denken Sie nicht. Dies ist der einfachste Weg aus der Grübelfalle hinaus. Die Aufmerksamkeit wendet sich von den kreisenden Gedanken ab und Ihrem Körper zu. Natürlich atmen Sie! Ihr Körper tut das von allein. Es ist ein Vorgang, der ohne Ihr Bewusstsein abläuft, genau wie der Herzschlag. Beides hält Sie am Leben.

Indem Sie innehalten und sich Ihres Atmens bewusst werden, schaffen Sie eine Lücke im Lärm Ihrer Gedanken. Ihre Aufmerksamkeit befindet sich ganz in der Gegenwart, im Augenblick. Sie nehmen die Position eines Beobachters ein und sind nicht länger in Ihren Gedankensalat verstrickt.

Ihr Gehirn lässt sich auf diese Art der Mini-Entspannung konditionieren. Benutzen Sie dazu einen Wecker und stellen Sie ihn auf genau eine Minute, nicht länger, aber auch nicht kürzer. Ob Sie sitzen, liegen oder stehen, ist unerheblich. Wichtig ist nur, dass Sie sich auf Ihren Atem konzentrieren, sobald der Wecker anfängt zu ticken.

Atmen Sie ein, atmen Sie aus und spüren Sie, wie der Atem zur Nase hineinströmt und Ihren Körper wieder verlässt. Gedanken, die aufkommen, registrieren Sie, hängen Ihnen aber nicht nach. Sagen Sie im Geist: »Da ist ein Gedanke«, lassen Sie ihn ziehen und kehren Sie mit der Aufmerksamkeit liebevoll zurück zu Ihrer Atmung. Wenn Gefühle aufkommen, verfahren Sie ebenso. Sagen Sie im Geist: »Da ist ein Gefühl«, lassen Sie es los und achten Sie weiter auf Ihre Atmung.

Sobald der Wecker klingelt, nehmen Sie noch zwei tiefe Atemzüge.

Beenden Sie diese Übung bewusst nach einer Minute. Unser Unterbewusstsein lernt dadurch: Entspannung ist jederzeit möglich!

Übung #4: Liebe dich selbst!

Uns selbst so anzunehmen, wie wir sind, gehört womöglich zu den schwierigsten Übungen dieses Büchleins – und unseres Lebens. Von klein auf haben wir gelernt, uns mit anderen zu vergleichen. Kindergartenfreund Y kann besser malen, Schulfreundin X hat schönere Haare, Kollegin Z bekommt bessere Beurteilungen. Hinzu kommen übernommene Denkgewohnheiten, Ängste und negative Überzeugungen, die Sie glauben machen, Sie wären unvollkommen.

»Ich würde mich ja mögen, wenn ich nur ...« – mit solchen Sätzen halten Sie sich davon ab, sich selbst die Liebe zukommen zu lassen, nach der Sie sich sehnen und die Sie so von niemandem sonst bekommen.

Doch Sie selbst gehören genauso zu Ihrer Lebenswirklichkeit wie Ihr Job, Ihre Wohnung, Ihre Freunde, Ihre Katze. Um glücklich und innerlich frei zu sein, akzeptieren Sie sich auf dieselbe Weise, wie Sie Ihre beste Freundin, Ihren besten Freund akzeptieren. Hören Sie auf, sich selbst zu kritisieren. Begegnen Sie sich stattdessen mit jener bedingungslosen Liebe, die Sie ebenso sehr verdient haben wie jeder andere Mensch auf der Welt.

Fangen Sie gleich heute damit an!

Unser Gehirn braucht etwa einen Monat, bis neue Synapsen so fest geknüpft sind, dass sich Verhalten automatisiert. Das Verhalten, um das es hier geht, ist ein radikaler Akt der Selbstliebe.

Stellen Sie sich morgens und abends vor einen Spiegel, schenken Sie sich selbst ein Lächeln und sagen Sie dreimal laut: »Ich liebe mich bedingungslos!« Lassen Sie keinen Tag aus. Es mag Ihnen lächerlich erscheinen und anfangs komisch vorkommen, vielleicht bringt Sie der Satz auch zum Weinen, aber lassen Sie nicht locker, bis Sie sich glauben.

Bald werden Sie bei jedem Blick in den Spiegel lächeln, weil Sie dieses warme Gefühl in der Bauchgegend wahrnehmen: das Gefühl liebevoller Akzeptanz.

Sobald Sie sich so akzeptieren, wie Sie sind, geschieht etwas Fantastisches: Sie erteilen sich die Erlaubnis, ganz nach Ihren eigenen Vorstellungen zu leben. Ab jetzt sind Sie frei – wie Ihre Katze.

Übung #5: Mantras

Mantras sind eine hervorragende – und besonders einfache – Möglichkeit, mit der Gegenwart, dem Hier und Jetzt, in Kontakt zu kommen.

Das Wort »mantra« stammt aus dem Sanskrit. Es vereint die beiden Wortstämme »man« (Geist) und »tra« (Vehikel, Instrument). Ein Mantra ist also nichts anderes als ein Instrument des Geistes, um uns aus dem Zustand der Geschäftigkeit in den der Stille zu führen. Meistens bestehen Mantras aus Wörtern, Silben oder Vibrationen. Sie beruhigen, energetisieren, stellen Harmonie und Gleichklang her.

Das älteste Mantra ist »Om«, auch »Hymne des Universums« genannt. Es symbolisiert den Urklang und enthält alle Vibrationen, so sagt man, die jemals existiert haben und jemals existieren werden. »Om« besteht aus den Sanskrit-Silben *A U M* und steht für Vergangenheit, Gegenwart und Zukunft. Der heilige Klang der Buddhisten ist Ewigkeit, endloses Sein.

Das Mantra »Moksha« hingegen bedeutet: »Ich bin emotional frei – frei von Schuldgefühlen, Ängsten und Ärger – offen für Liebe und Leichtigkeit, Vergebung und Mitgefühl.« Es hilft uns dabei, uns von emotionalen Verstrickungen zu lösen und gedanklich die Richtung zu wechseln.

Um Mantras auch ohne Anhängerschaft an eine fernöstliche Glaubensrichtung nutzbringend einzusetzen, braucht es nur eines: die Bereitschaft, sich auf die eigene Stimme und ihre Schwingungen einzulassen. Schwingungen? Ja, genau wie beim Schnurren. Dann kann jeder Satz, den Sie für sich auswählen, aus Alltagshektik und Frustrationen herausführen. Diese Sätze sind Affirmationen.

Am wirksamsten sind Mantras, wenn sie zuerst dreimal laut, dann dreimal leise und am Schluss dreimal im Geist gesprochen werden. Jederzeit, wenn Ihnen danach ist, Ihren Gedankenstrom zu stoppen, erinnern Sie sich an Ihr Mantra und sprechen Sie es aus. Es hilft Ihnen, achtsam und entspannt durch den Tag zu kommen. Wann immer Sie Ihr inneres Gleichgewicht verlieren, bringt Ihr Mantra Sie zu Ihrer Mitte zurück.

Wie alle Übungen wirkt ein Mantra erst dann, wenn Sie es regelmäßig sprechen. Suchen Sie sich ein Mantra aus und wiederholen Sie es über einen Zeitraum von einem Monat, bis es in Ihrem Bewusstsein Wurzeln geschlagen hat und seine volle Kraft entfalten kann.

Probieren Sie eines der nachfolgenden Mantras aus. Mit welchem fühlen Sie sich wohl? Welche Schwingung harmoniert am besten? Wenn Sie eines gefunden haben, das Ihr Begleiter werden soll, praktizieren Sie es, solange Sie möchten!

Dies sind einige Mantras aus der buddhistischen Tradition:

- Om – Heil dem Juwel im Lotus (bedeutet: Ewigkeit, endloses Sein)
- Shanti, Shanti – Frieden, Frieden (bedeutet: Freisein von zerstörerischen Impulsen, Erfülltsein von Liebe und Hingabe)
- Ritam – Rhythmus des Universums (bedeutet: Alles fließt! Hingabe an das, was ist; Loslassen)
- Soham – Ich bin Er (bedeutet: Ich bin nicht die Gedanken, ich bin das unsterbliche Selbst)
- Yogastha kareem karuna – Handle und sei (bedeutet: mitfühlendes Handeln ist im Sein begründet)
- Aham brahmasmi – Ich bin das Universum (bedeutet: Wir sind eins, Weltenseele, verbunden mit dem gesamten Kosmos)

Katzen-Wunderkraft #7: Hingabe

»Die Katze hat einen Code ritueller Reinheit und wäscht sich immer mit religiöser Hingabe.«

Camille Paglia

Katzen sind die Großmeister der Hingabe.

Wenn eine Katze sich auf Ihrem Schoß zusammenrollt, dann tut sie das mit vollendeter Hingabe. Sie schnurrt, ob wir sie streicheln oder nicht. Sie erwartet nichts von uns. Sie ist einfach da.

Die Katzen-Wunderkraft der *Hingabe* ist eng verknüpft mit der *Achtsamkeit*, und doch ist sie viel mehr als das. Achtsamkeit bedeutet Konzentration auf den Moment, auf das, was ist. Hingabe hat noch weitere Aspekte. Der Klosterkater Valentin der Cella Sankt Benedikt in Hannover beschreibt es so: »Hingabe heißt, ohne Angst verletzlich zu sein und in den Himmel zu schauen.« Er muss es wissen, er ist schließlich ein Kater. Besonders deutlich wird das, was Hingabe bedeutet, wenn sich Katzen genüsslich auf dem Boden in der Sonne wälzen. Dann drehen und wenden sie sich von einer Seite auf die andere und zeigen dabei dem Himmel ihren Bauch. Das ist es, was Kater Valentin meint. Der Bauch ist der verletzlichste Körperteil der Katze, sie zeigen ihn nur höchst ungern. Doch wenn sie ganz selbstvergessen ihr Wohlbefinden genießen, geben sie Angst und Kontrolle auf. Aber wehe, Sie wagen es, der Katze jetzt den Bauch kraulen zu wollen. Ganz so weit geht es mit der Hingabe an das Genießen dann doch nicht! In diesem Punkt kennt die Fellnase keine Kompromisse.

Haben Sie schon mal Ihren Stubentiger genau dabei beobachtet, wenn er sich putzt? Das ist pure Hingabe. Jedes Fleckchen Fell schleckt er ab, mit der angefeuchteten Pfote wischt er sich übers Gesicht, die Augen sind geschlossen, manchmal hält er inne und neigt den Kopf. Als Beobachter könnte man meinen, er denkt gerade intensiv über etwas nach. Dabei spürt er nur in seinen Körper hinein, um die Stellen auszumachen, die er als Nächstes ausgiebig pflegen kann. Beinahe an jedes Fleckchen Fell kommt er mit der rauen Zunge heran, so biegsam ist der Katzenkörper. Wer sich dabei an die Übungen eines Yogameisters erinnert fühlt, kommt der Wahrheit ziemlich nahe. Etwa ein Drittel ihrer Wachzeit verbringt eine Katze mit der Fellpflege. Ganz schön eitel! ... meinen wir Menschen vielleicht, für die Katze ist das Putzen jedoch lebensnotwendig. Damit entfernt sie abgestorbene Haare, lose Hautschuppen und Schmutz. Bei Hitze dient der Katzenspeichel dazu, die Körpertemperatur zu regulieren. Ganz nebenbei stärkt die Fellpflege auch noch ihre Muskulatur und regt den Kreislauf an. Das hört sich wirklich sehr nach Yoga und Training an. Deshalb gönnt sie sich danach auch meist ein ausgiebiges Schläfchen.

Hingabe bedeutet Ausdauer, Geduld, sich voll und ganz auf etwas einzulassen. Und das tut die Mieze, egal, ob sie sich putzt, döst, spielt oder jagt. Es gibt in diesem Moment keine andere Aktion für sie, mag da kommen, was will. Für Störungen ist sie jetzt unempfindlich. Piepst da ein Vogel? Pfft! Das entlockt ihr kaum mehr als ein Ohrenspitzen. Völlig selbstvergessen starrt sie das Mauseloch an. Egal, wie lange es dauert, bis die Beute sich sehen lässt, die Katze bleibt dran, koste es, was es wolle. Angst kennt unsere Fellnase dann keine, nur ihre Bestimmung. Sie vertraut auf ihre innere Stärke und gibt niemals auf. Wirklich nie-mals! Scheitern ist keine Option. Es sei denn, ein Gewitter naht, dann wird selbst die geduldigste Katze zum Hasenfuß und maunzt bei Frauchen um Einlass ins sichere Haus. Morgen ist auch noch ein Tag – und dann geht's der Maus an den Kragen!

Besonders erfolgreich im Jagen war übrigens ein Katzer namens Towser. Er lebte in den Siebziger- und Achtzigerjahren des vorigen Jahrhunderts auf dem Gelände einer Whiskybrennerei in Schottland. Sagenhafte 28 899 Mäuse soll er in seinen sagenhaften 24 Lebensjahren erlegt haben. Damit hat er es sogar ins Guinness-Buch der Rekorde geschafft. Welch ein Musterbeispiel an Hingabe!

Wir Zweibeiner lieben es besonders, wenn die Miezekatze ihre Hingabe uns zuteilwerden lässt. Denn wenn sie ihre Streicheleinheiten braucht, kennt sie genauso wenig Ablenkung wie beim Putzen. Immer wieder hebt sie das Köpfchen auf der Suche nach der kosenden Hand, tretelt auf dem Schoß, bis sie das passende Plätzchen gefunden hat, um sich niederzulassen, und gibt sich unseren Zärtlichkeiten hin. Schnurrrrr! Wie viel Gutes die Mieze uns damit tut, wissen Sie ja schon. Und dass sie sich kaum stören lässt, wenn sie gestreichelt werden will, das kennen Sie auch. Manchmal muss ich unsere Nelli mit sanfter Gewalt von meinen Beinen befördern. Ob mir von einer Stunde regungslosem Sitzen auf dem Sofa nämlich die Beine einschlafen, ist der Mieze herzlich egal. Aber wer würde sich schon beklagen wollen, wenn das eigene Haustier sich den Liebkosungen seines Dosenöffners mit solcher Liebe hingibt? Es ist das schönste Kompliment, das ein Tier einem Menschen machen kann. Dir vertraue ich, du bist mein Lieblingsmensch, auf deinem Schoß rolle ich mich gern ein.

Kätzische Hingabe bedeutet aber auch Hartnäckigkeit. Wenn die Fellnase etwas will, dann will sie es, sei es die Maus dort in dem Loch oder ihr Fresschen vom Frauchen. Auf einmal fühlt sich das Streichen um unsere Beine gar nicht mehr so hingebungsvoll an, vielmehr fordernd. Manche empfinden das sogar als aufdringlich, gar berechnend. Das können natürlich nur Menschen so betrachten. Für eine Katze ist es das Normalste von der Welt, das einzufordern, wonach ihr der Sinn steht. Haben wir ihr endlich den Wunsch erfüllt – ob geöffnete Tür oder geöffnete Dose –, heißt das noch lange nicht, dass die Mieze das auch annimmt. Sie ist der geborene Freigeist, und als solcher erlaubt sie es sich, plötzlich doch draußen bleiben zu wollen oder gar nicht mehr hungrig zu sein. Wozu hat man schließlich Katzen-Wunderkräfte?

In diesen Situationen erteilt uns die Mieze ihre Lektionen, eine in Selbstbewusstsein und eine in Hingabe, denn die ist nun von uns gefordert. Wozu sollten wir Menschen uns aufregen, wenn die Fellnase verweigert, was wir von ihr erwarten? Die Mieze ist eben eine Mieze, und die tut, was sie will. Wir können uns derweil in wohlwollender Akzeptanz üben, einem wichtigen Baustein auf dem Weg zu wahrer Hingabe.

Während *Achtsamkeit* leicht einzuüben ist, brauchen wir für das Erlernen von Hingabe ein bisschen mehr als nur die Konzentration auf den Moment und auf die Handlungen, die wir ausführen. Um uns hinzugeben, benötigen wir Vertrauen. In unserem von Arbeitsstress und Nachrichtentickern überfluteten Alltag ist davon wenig übrig. Die Selbstverständlichkeit und das Urvertrauen, mit dem sich Katzen durchs Leben bewegen, ist vielen Menschen abhandengekommen. Stattdessen plagen uns Ängste um unsere Liebsten, unsere Zukunft, unser finanzielles Auskommen. Sich von diesen Ängsten zu trennen und Vertrauen zu haben – in andere Menschen wie in unsere eigene innere Stärke –, fällt oft schwer. Wir haben uns ein grundlegendes Misstrauen angeeignet. Wir wünschen uns die Menschen anders, unser Leben und die Welt sowieso. Nur wie, das wissen wir selbst nicht.

Sich hingeben, den Moment, die Situation so akzeptieren, wie sie ist, das mag für den einen oder anderen danach klingen, als würden wir aufgeben, resignieren, die Waffen strecken. Ja, das tun wir, wenn wir uns hingeben. Wir hören auf, die Dinge anders haben zu wollen. Wir hören auf zu kämpfen. Wir hören auf, uns für etwas anzustrengen, das unerreichbar ist. Stattdessen geben wir uns dem Moment hin, so wie er ist. Wir bleiben bei uns, achtsam und bewusst, was uns darin unterstützt, auch schwierige Situation durchzustehen. Selbst wenn das heißt, vier Stunden auf der Autobahn in einem niemals enden wollenden Stau zu stehen. Was hilft es Ihnen, damit zu hadern, nicht den Zug genommen zu haben, oder den Vordermann anzupöbeln? Die Antwort darauf ist ein klares »Nichts«. Sich wehren zu wollen, ist zwecklos. Wenn wir aber akzeptieren, dass es nicht vorangeht, schonen wir unsere Nerven, innerer Frieden breitet sich in uns aus. Vertrauen Sie darauf, dass der Stau sich irgendwann auflöst. Alles ist vergänglich, das ist ein Gesetz der Natur. Die Wartezeit, bis der Stau sich auflöst, wird dann leichter auszuhalten sein. Nutzen Sie die Zeit stattdessen für eine Fantasiereise in ein Land, das Sie lieben. Oder wie wäre es mit einer Meditationsübung?

Gerade in stressigen Zeiten ist es wichtig, etwas zu finden, das uns Ausgleich verschafft. Was wäre besser geeignet als etwas, dem wir uns mit aller Hingabe widmen können? Ein Hobby vielleicht, ein Beruf, der uns mehr liegt, eine Aufgabe. Oder Ihrem Partner, Ihren Kindern. Wann haben Sie zuletzt einen Ihrer Liebsten mit zärtlicher Hingabe gestreichelt, ohne dabei zu erwarten, dass er oder sie Ihnen diese Zuneigung mit gleicher Münze zurückzahlt? Genau darum geht es, wenn wir von Hingabe sprechen: etwas tun, etwas geben, ohne dafür eine Gegenleistung zu erwarten, und darauf vertrauen, dass das Universum uns nichts Böses will.

Menschen, die sich dazu berufen fühlen, andere Menschen zu pflegen, berichten, wie erfüllend sie diese Aufgabe empfinden. Denn ohne es zu erwarten, bekommen sie dafür, dass sie Hilfebedürftigen ihre Zuwendung schenken, sehr viel zurück: Dankbarkeit, ein Lächeln, ein freundliches Wort. Man nennt das Resonanz. Sie brauchen nicht unbedingt anderen Menschen zu helfen, um die Resonanz einer hingebungsvollen Tätigkeit zu spüren. Es genügt ein Hobby, das Ihnen entspricht.

Was haben Sie als Kind gern gemacht? Oder gibt es heute für Sie als Erwachsenen etwas, bei dem Sie vollkommen die Zeit vergessen können? Prima! Praktizieren Sie das, sooft Sie können. Ob Malen, Gärtnern, Musikmachen, Bildhauern, eine sportliche Aktivität, Lesen, Ausgehen mit Freunden, ganz egal. In der Hingabe an ein Musikstück oder ein Bild, das gerade entsteht, können Sie ebenfalls diese Resonanz spüren. Hauptsache, Sie können eintauchen und haben Spaß. Lassen Sie alle Anstrengung los und widmen Sie sich dem, was Ihnen Freude macht. Wenn Sie sagen: »Ach, ich habe gar nicht mitbekommen, wie die Zeit verging«, dann haben Sie Hingabe gelebt.

Zen betrachtet Hingabe als eine Eigenschaft des Herzens.

Hingabe ist nicht nur mit Ausdauer, Hartnäckigkeit und Geduld verbunden, sondern vor allem mit Liebe – Liebe zu unserer Umgebung und Liebe zu uns selbst. Nur wenn wir akzeptieren, was ist, wenn wir aufhören, die Welt in gut und böse, in richtig oder falsch, in wertvoll oder wertlos aufzuteilen, finden wir unseren inneren Frieden. Wie unsere Katzen müssen wir uns nichts verdienen, wir sind es bereits wert zu leben. Bedingungslose Hingabe an das, was ist, befreit uns davon, negativ zu denken und zu empfinden. Wir verankern uns in unserer Mitte und sind mit uns im Reinen – wie eine Katze nach dem Putzen.

Der besondere Hingabetipp: Sitzende Vorwärtsbeuge

Die Yogaübung *Pashchimottanasana*, die Sitzende Vorwärtsbeuge, fördert Geduld und Hingabe. Sie vitalisiert den Geist, Sie lernen loszulassen. Gleichzeitig steigert sie Ausdauer und Konzentration. Daneben hat sie wohltuende Wirkungen für Ihren Körper, indem die gesamte Rückseite des Körpers gedehnt wird. Die inneren Organe werden massiert, was sich positiv auf die Verdauung auswirkt. Sie stärkt das Nervensystem und wirkt vorbeugend gegen Erkältungen.

Schritt 1
Setzen Sie sich mit ausgestreckten Beinen auf den Boden und pressen Sie die Fersen in den Boden. Die Fußspitzen ziehen Sie leicht zu sich heran. Die Knie sind durchgedrückt.

Schritt 2
Richten Sie den Oberkörper gerade auf. Atmen Sie einige Male in Vorbereitung der Vorbeuge achtsam in den Bauch ein und aus.

Schritt 3
Mit der Einatmung heben Sie die Arme neben den Ohren in die Höhe. Strecken Sie dabei den Rumpf, ausgehend vom Becken. Sie spüren, wie sich dabei das Becken etwas nach hinten streckt.

Schritt 4
Mit der Ausatmung beugen Sie den Oberkörper nach vorn. Die Arme beschreiben dabei einen weiten Bogen, die Knie

bleiben durchgedrückt. Mit den Händen umfassen Sie die Außenseiten Ihrer Füße.

Aber Vorsicht: Überfordern Sie sich dabei nicht. Wenn es Ihnen angenehmer ist, heben Sie die Knie etwas vom Boden. Beugen Sie sich nur so weit nach vorn, wie Ihr Körper es erlaubt.

Schritt 5

Bleiben Sie in dieser Position für mindestens zehn Atemzüge. Lassen Sie die Muskeln in Beinen und Rücken los, nichts ist angespannt. Spüren Sie die Dehnung im unteren Rücken und in der Rückseite Ihrer Beine. Das kann sich unangenehm anfühlen, wenn Sie die Übung zum ersten Mal praktizieren. Behalten Sie dennoch die Position bei. Sagen Sie sich im Geist: »Ich bin geduldig in der Vorwärtsbeuge.«

Schritt 6

Wenn Sie sich mit der Einatmung wieder aufrichten, tun Sie das mit geradem Rücken. Die Arme beschreiben wieder einen weiten Bogen.

Schritt 7

Mit der Ausatmung lassen Sie Ihre Arme wieder sinken. Sagen Sie laut: »Ich bin geduldig.«

Schritt 8

Zur Entspannung drehen Sie sich auf den Bauch, strecken die Arme nach vorn und lassen die Stirn auf den übereinanderliegenden Händen ruhen (*Adhvasana* – Bauchentspannungslage). Genießen Sie, wie die gedehnten und gestärkten Muskelpartien Ihres Körpers sich nach und nach entspannen.

Übung #1: Ein Bad in der Stille

Suchen Sie sich einen Ort, an dem Sie sich wohlfühlen.

Machen Sie es sich dort bequem, im Sitzen oder Liegen, wie Sie möchten.

Seien Sie dort, wo Sie sind. Schauen Sie sich um, ohne die Dinge zu interpretieren.

Beobachten Sie Farben, Strukturen, Licht. Schauen Sie sich alles genau an.

Lauschen Sie auf die Geräusche, ohne sie zu bewerten.

Wenn Gedanken kommen, registrieren sie Sie, bewerten Sie sie aber nicht. Lassen Sie sie weiterziehen.

Berühren Sie etwas in Ihrer Nähe. Fühlen und ertasten Sie den Gegenstand. Ist er kühl, rau? Spüren Sie die Form, die Oberfläche.

Nehmen Sie das Dasein dieses Gegenstands zur Kenntnis.

Achten Sie auf Ihren Atem. Spüren Sie, wie er durch Ihre Nase einströmt und durch die Nase Ihren Körper wieder verlässt. Spüren Sie die Energie, die durch Ihren Körper fließt?

Lassen Sie alles so sein, wie es ist, im Äußeren und im Inneren.

Spüren Sie Ihr eigenes Dasein.

Akzeptieren Sie das Sosein aller Dinge.

Tauchen Sie tief in den Moment ein, in das Jetzt.

»Suche die Stille auf und nimm dir die Zeit und den Raum, um in deine eigenen Träume und Ziele hineinzuwachsen.«

Buddha

Übung #2: Jeder Tag ein weißes Blatt

Wenn an einem Tag alles so richtig in die Hose ging, denken Sie daran: Jeder Tag ist ein neuer Tag – voller aufregender Möglichkeiten. Haken Sie ab, was war, es lässt sich nicht mehr ändern. Und sich darüber zu grämen, vergällt Ihnen nur die Stimmung. Passiert ist passiert. Machen Sie es wie die Katzen: Lassen Sie es los.

Gehen Sie mit dem Gedanken zu Bett: Morgen ist ein neuer Tag, und er ist wie ein weißes Blatt Papier. Sie haben es in der Hand, womit dieses Blatt beschrieben wird. Nun gönnen Sie sich Ruhe – einige Strategien für erholsamen Schlaf haben Sie im Kapitel über die Katzen-Wunderkraft *Schlaf* schon gelernt – und starten Sie ausgeschlafen in den neuen Tag. Füllen Sie ihn mit Dingen, die Ihnen guttun. Nehmen Sie ein Bad, lesen Sie ein inspirierendes Buch, streicheln Sie Ihre Katze oder treffen Sie sich mit einem Freund.

Und schon ist der Tag, an dem alles in die Hose ging, Schnee von gestern.

Ihr Leben ist ein Buch, das nur Sie allein schreiben. Sorgen Sie dafür, dass möglichst viele positive Geschichten darin stehen.

Übung #3: Pomodoro-Technik

Egal ob zu Hause oder im Büro, überall lauern Zeitfresserchen, die uns ablenken von dem, was wir gerade tun wollten. Sie kennen das? Noch mal schnell die E-Mails oder Facebook checken, das Telefon klingelt, und ach, in das neue Heft dieser Zeitschrift habe ich ja noch nicht mal hineingeblättert. Bei Tätigkeiten, in die wir voll und ganz abtauchen können, haben diese Zeitfresserchen keine Macht über uns. Aber was, wenn wir unangenehme Aufgaben abarbeiten müssen?

Bei Problemen mit der Konzentration hilft die Pomodoro-Technik. (Mit Tomaten – *pomodori* – hat die Methode nichts zu tun, sie bekam ihren Namen lediglich daher, dass ihr Erfinder einen Küchenwecker in Form einer Tomate benutzte.) Dabei wechseln sich Phasen konzentrierter Arbeit mit Pausen ab. Das vor uns liegende Pensum wird strukturiert, die Konzentration fällt leichter.

Und so geht's:

Überlegen Sie zunächst – am besten halten Sie es schriftlich fest –, was Sie erledigen wollen: einen Auftrag schreiben, die Wohnung putzen, eine bestimmte Anzahl an Aufgaben abarbeiten etc. Schalten Sie das Internet aus und am besten auch das Telefon.

Stellen Sie einen Kurzzeitmesser auf 25 Minuten. Das Ticken des Weckers begleitet Sie, während Sie an Ihrer ersten Aufgabe arbeiten.

Machen Sie 5 Minuten Pause. Beschäftigen Sie sich in dieser Zeit mit etwas völlig anderem.

Nun folgt die nächste Einheit von 25 Minuten, in denen Sie sich konzentriert Ihrer Arbeit widmen.

Danach machen Sie wieder 5 Minuten Pause.

Nach vier Pomodoro-Einheiten gönnen Sie sich eine längere Pause von 30 Minuten.

Na, funktioniert's?

Diese Methode hat der Italiener Francesco Cirillo erfunden. Indem wir kurze Arbeitssequenzen wählen und uns ein Limit setzen, entsteht ein enger Rahmen, den unser Unterbewusstsein sehr wohl registriert. Unterstützt wird diese Begrenzung noch durch das Ticken des Weckers. Die Zeit läuft ab. Wir arbeiten produktiver, zielgerichteter, fokussierter. Die Pausen unterstützen uns dabei zusätzlich. Da wir unserem Kopf erlauben, zwischendurch abzuschalten und neue Reize aufzunehmen, ermüden wir nicht so schnell, bleiben länger fokussiert.

Die Methode gründet auf dem von C. Northcote Parkinson formulierten (und ironisch gemeinten) Gesetz, wonach Arbeit sich ausdehnt, je mehr Zeit dafür zur Verfügung steht. Als Beispiel diente ihm eine Großmutter, die einen ganzen Tag braucht, um ihrer Enkelin eine Postkarte zu schreiben: Karte wählen, Stifte probieren, Brille suchen, Text formulieren, überlegen, welcher Briefkasten der geeignete ist usw., während ein Angestellter am Schreibtisch eine solche Arbeit in drei Minuten erledigen würde.

Ob besagte Großmutter im Herzen nicht doch eine von der Wunderkraft *Intuition* geleitete Miezekatze war?

Übung #4: Yoga Fisch

Wenn Ihnen die Hingabe an das, was ist, einmal besonders schwerfällt, hilft die Yogaübung »Fisch«. *Matsyasana* öffnet das Herz und löst emotionale Verspannungen. Im »Fisch« können Sie alles loslassen, was Sie belastet. Die Übung wirkt aktivierend und öffnend.

Der »Fisch« gehört zu den Hauptasanas im Hatha-Yoga und schließt sich zum Ausgleich an den Schulterstand an.

Legen Sie sich flach auf den Rücken, Beine und Füße ausgestreckt und dicht beieinander.

Atmen Sie ruhig in den Bauch. Ein und aus, ein und aus.

Bringen Sie Ihre Hände mit den Handflächen nach unten unter Ihren Po und schieben Sie Ihre Ellenbogen unter Ihren Rücken, so dicht, wie es Ihnen möglich ist.

Nun atmen Sie kräftig ein und heben dabei den Oberkörper und den Kopf nach oben. Der Blick geht nach vorn. Das Gewicht Ihres Körpers ruht auf Ellenbogen und Unterarmen.

Mit der Ausatmung lassen Sie den Kopf nach hinten sinken, bis Ihr Scheitel den Boden berührt.

Achten Sie darauf, in den Armen stark zu bleiben, damit der Nacken entlastet wird.

Halten Sie die Stellung des »Fischs« für fünf bis zehn ruhige Atemzüge in den Bauch. Genießen Sie den Kopfüberblick auf Ihre Umgebung.

Dabei sagen Sie sich im Geist: »Ich lasse alles los.«

Bei der nächsten Einatmung heben Sie langsam wieder den Kopf.

Mit der Ausatmung senken Sie den Oberkörper ab und führen Ihre Hände wieder sanft an die Seiten Ihres Körpers.

Bleiben Sie noch für einige Atemzüge liegen und genießen Sie die Entspannung.

Matsyasana hilft gegen Verspannungen im Rücken und in den Schultern. Die Brustmuskulatur wird dabei gedehnt und die Muskulatur im Rücken gestärkt.

Übung #5: Die Zeit vergessen

Womit beschäftigen Sie sich am liebsten? Haben Sie ein Hobby, in das Sie eintauchen können und wobei Sie so richtig die Zeit vergessen? Dann geben Sie sich dem hin, sooft es geht.

Kein Hobby? Das macht nichts. Gehen Sie in Gedanken zurück in Ihre Kindheit. Womit haben Sie sich damals die Zeit vertrieben?

Haben Sie gern gemalt?

Kaufen Sie sich einen Zeichenblock und Stifte, die Sie mögen: Pastellkreiden, Buntstifte, die sich mit Wasser vermalen lassen, Acrylfarben und Pinsel, was immer Sie anspricht, ist recht. Und dann legen Sie einfach los. Wenn das weiße Blatt sich einfach nicht füllen will, vertrauen Sie Ihrer Wunderkraft *Intuition* und malen Sie drauflos. Sie können das!

Will Ihnen partout keine Idee kommen, dann besorgen Sie sich ein Erwachsenenmalbuch. Die gibt es in jeder Buchhandlung. Lassen Sie sich von den schwarz-weiß konturierten Zeichnungen ansprechen und malen Sie einfach nach Lust und Laune Vögel, Blumen, Mandalas, Ornamente und Fantasiegebilde aus.

Oder haben Sie gern gebastelt, gewerkelt oder Handarbeiten gemacht?

Prima! Stricken und Häkeln entspannen den Geist wie sonst kaum etwas. Dasselbe gilt für das Arbeiten mit Holz, Ton, Stein. Alle Tätigkeiten, bei denen Ihre Hände beschäftigt sind, tun ihren Zweck. Hauptsache, es macht Ihnen Spaß und Sie können darin aufgehen.

Übrigens: Stricken, Sticken und Häkeln haben durchaus therapeutische Qualitäten. Handarbeiten werden heutzutage in der Schmerztherapie eingesetzt, in der Behandlung von Depressionen und Demenz, bei Suchterkrankungen oder gegen Stress. Sie stellen etwas her, und das verschafft ein positives Gefühl, ein Erfolgserlebnis. Gleichzeitig bauen Sie eine Verbindung zu dem auf, was da in Ihren Händen entsteht. Im Endeffekt steigert eine handwerkliche Tätigkeit Ihr Selbstwertgefühl und Ihr Selbstbewusstsein.

Oder liebten Sie es, stundenlang mit dem Fahrrad durch die Gegend zu fahren? Dann tun Sie das doch mal wieder. Der Fahrtwind erfrischt Ihren Geist, und negative Gedanken verschwinden von allein, wenn Sie sich auf Ihre Bewegungen konzentrieren. Noch dazu arbeiten Sie an Ihrer Ausdauer und tun etwas für Ihre Gesundheit.

Wenn das nicht durch und durch kätzisch ist?

Katzen-Wunderkraft #8: Glück

»Wo immer sich eine Katze niederlässt,
wird sich das Glück einfinden.«

Sir Stanley Spencer

Katzen sind glücklich und zufrieden. Immer!

Ach, Glück!

Sehnen wir uns nicht alle danach? Die Amerikaner haben das Streben nach Glück sogar in der Verfassung verankert und in Bhutan gibt es einen Glücksminister. Auch »Herr Rossi sucht das Glück« – falls Sie sich an den niedlichen Cartoon-Italiener noch erinnern. Nur – was ist das: Glück? Vergänglich, meinen Sie? Nur für Momente zu haben? Oder haben nur die anderen Glück, niemals Sie? Das Glück im Eigenheim, das Lottoglück, Landglück – die Werbung hält uns überall vor, wo Glück angeblich drin sei. Aber macht das wirklich dauerhaft glücklich? Das Eigenheim hat Baumängel, im Lotto gewinnt man sowieso nie und Landleben ist noch lang keine Garantie für anhaltendes Glück. So viel zu dem Thema.

Nicht mal der Besitz einer Katze garantiert dies, obwohl sie in vielen Kulturen als Glücksbringerin gilt. Im Buddhismus ist sie Symbol für Glück und Reichtum. In den Tempeln sind die Fellnasen gern gesehene Gäste, auch wenn die frühen Buddhisten Vorbehalte gegen unser liebstes Haustier hatten. Immerhin hat sie Buddhas Eintritt ins Nirwana verpennt. Er hat ihr verziehen. Logisch! Wer könnte einer Katze schon lange böse sein?

In Sachen Katzenverehrung stehen die Japaner den alten Ägyptern hingegen in nichts nach. Ausdruck findet dieser Respekt in den »Maneki-neko«, in bunt bemalten Katzenfiguren, die eine Hand zum Gruß erheben. Der Kult um die »Winkekatzen« geht auf eine Legende zurück, in der eine putzende Katze einen Edelmann davor bewahrte, von einem Blitz erschlagen zu werden. Wenn das kein Glück war! Man findet die Winkekatzen heute in allen denkbaren Materialien und Farben; am beliebtesten sind die dreifarbigen Varianten in Schwarz, Weiß und Rot.

Dreifarbige Katzen? Die gelten auch hierzulande als Glückskatzen. Einer seltenen genetischen Mutation ist es zu verdanken, wenn eine Katze mit drei Farben im Fell auf die Welt kommt. Man muss also schon ziemliches Glück haben, um eine solche Katze in einem Wurf vorzufinden. Im Mittelalter war man der Ansicht, dreifarbige Katzen hielten das Feuer vom eigenen Haus fern.

Einer der beliebtesten Namen für Kater ist »Felix«. Felix bedeutet »der Glückliche« – das sagt doch schon alles, oder?

Katzen bringen also Glück – so weit, so schön. Nur hat wegen einer Katze noch nie jemand im Lotto gewonnen.

Und doch machen Katzen uns vor, wie das mit dem Glücklichsein geht. Denn sie wissen: Das Glück liegt nicht im Äußeren – in einem superschnellen Auto, den ganz und gar angesagten Klamotten oder dem perfekten Partner –, dafür hat die Mieze nicht mal einen Blick übrig. Das Glück liegt in uns selbst, und wenn wir uns unsere Katzen zum Vorbild nehmen, dann finden wir es auch.

Mit all ihren Wunderkräften macht die Katze uns vor, welche Schritte es braucht, um ein Leben in Glück und Zufriedenheit zu führen. Sie folgt ihrer Intuition und geht ihren eigenen Weg, sie ist neugierig und immer auf Abenteuer und Spaß aus, sie spielt für ihr Leben gern und schläft, wann immer ihr Körper danach verlangt. Sie geht auf vier leisen Pfoten selbstbewusst durchs Leben und ruht in sich, hingebungsvoll auf den Moment fokussiert und auf das Ziel, das ihr vor Augen steht. Sie bekommt immer, was sie will, und lässt sich durch nichts aus der Ruhe bringen.

Ich bin zutiefst davon überzeugt, dass Katzen glücklich sind. Schauen Sie doch nur mal einer ins Gesicht! Dank ihrer Physiognomie sieht es so aus, als ob sie ständig lächelt: wie das Näschen geformt ist, die hochgezogenen Mundwinkel. Nicht umsonst lässt Lewis Carroll in »Alice im Wunderland« das Lächeln zurück, obwohl die Katze sich längst unsichtbar gemacht hat. Aber unsere Miezen haben noch andere Methoden, um uns zu zeigen, dass sie glücklich sind. Denken Sie nur an ihr wohliges Schnurren oder daran, wie Sie Ihnen den Bauch zeigt, wenn sie sich auf einer Decke wälzt. Auch ihr senkrecht aufgerichteter Schwanz, mit dem sie Sie als Ihren Lieblingsmenschen begrüßt, ist Ausdruck von Freude und Glück. Die Mieze würde Ihnen kaum ihr Köpfchen zum Streicheln hinrecken, wenn sie sich bei Ihnen nicht wohlfühlen würde, oder auf Ihrem Schoß den Milchtritt machen.

Einer der wichtigsten Faktoren, weshalb Katzen einfach glücklich sein müssen und warum wir Menschen so oft unglücklich sind, ist Zeit. Katzen haben jede Menge davon. Oder andersherum: Sie haben keine Zeit. Dieser selige Zustand der Zeitlosigkeit ist uns Menschen nur in den ersten Lebensmonaten vergönnt, bevor wir anfangen, ein Bewusstsein zu entwickeln und Vergleiche anzustellen, bevor wir lernen, dass es »richtig« und »falsch« gibt. Zeit, die in

Minuten und Stunden oder in Monaten und Jahren gemessen wird, ist ein zutiefst menschliches Konstrukt. Keine andere Spezies auf diesem Planeten interessiert sich dafür. Tiere und Pflanzen folgen nur ihrer inneren Uhr. Deshalb kommen Katzen auch nie zu spät. Sie sorgen sich nicht darum, ob sie heute ihr Futter bekommen. Sie holen es sich einfach, wenn sie hungrig sind. Sie grämen sich auch nicht, weil sie gestern oder vor sieben Monaten ein Nickerchen gemacht haben, statt auf der Wiese nach Mäusen Ausschau zu halten. Für alles, was Katzen tun, ist jetzt die richtige Zeit. Sie leben, wir haben es schon gelernt, im Hier und Jetzt. Es gibt für sie kein Davor und kein Danach – und damit auch keinen Grund für Scham, Ärger oder Sorgen.

Für uns Menschen bedeutet Zeit oft Stress oder Druck. *Time is cash, time is money!* Unsere Tage sind vollgestopft mit Terminen, wir möchten spätestens mit 25 Jahren verheiratet sein und mit 30 Kinder haben, müssen Geld mit einem ungeliebten Job verdienen, damit wir ein paar Jahre früher in Rente gehen können. Aber dann … Und wären wir nicht damals zu faul fürs Studium gewesen, hätten wir … All unser Denken ist auf Momente in der Vergangenheit oder der Zukunft gerichtet. Wenn dieses und jenes eintritt, dann … Danach streben wir, darauf eilen wir zu. Wann, bitte schön, ist dieses Dann? Und: Tritt es jemals ein? John Lennon sagte einmal: »Das Leben ist das, was geschieht, während du dabei bist, andere Pläne zu schmieden.« Nun ist es raus: Auch John Lennon war ein Zen-Meister – oder weise wie ein Kater!

Mit Besitztümern verhält es sich ähnlich. Wir glauben, materielle Güter würden dazu führen, dass wir zufrieden sind. Oder dass es den einen Menschen gibt, der uns wirklich, wirklich glücklich macht. Doch die Freude über das neue Auto oder das allerhippste

Smartphone währt nur kurz. Und den neuen Liebsten überfrachten wir sogleich mit Erwartungen, die er oder sie nicht erfüllen kann. Denn, so wusste schon Wilhelm Busch: »Ein jeder Wunsch, wenn er erfüllt, kriegt augenblicklich Junge.« Da fühlt man sich ein bisschen ertappt, oder?

Lassen Sie uns einen Moment innehalten und durchatmen. Sie und ich, wir können etwas tun, wir können diese Stress verursachende Denkweise, dieses Anhaften an falschen Vorstellungen loslassen. Wir müssen uns nicht über unsere Fehler aus der Vergangenheit grämen, und wir müssen uns nicht um die Zukunft sorgen. Wir können auch anders. Äußere Dinge oder die Gefühle anderer Menschen entziehen sich unserer Kontrolle. Auf die Umstände haben wir keinen Einfluss. Aber wir können in uns selbst gehen, uns selbst vertrauen und anfangen zu glauben, dass alles im Leben zu etwas gut ist. Wir können hier und jetzt die Entscheidung treffen, die Dinge so zu akzeptieren, wie sie sind, und glücklich sein – wie unsere Katzen!

Gar nicht so einfach, denken Sie? Damit haben Sie recht! Jede Entscheidung, jede Veränderung braucht Mut. Es kann ziemlich anstrengend, beängstigend oder einschüchternd sein, sich aus der eigenen Komfortzone herauszubewegen und etwas im eigenen Leben zu verändern. Sie brauchen Vertrauen, vor allem in sich selbst, das Wissen, dass Sie sich auf sich selbst verlassen können, und den Mut, Ihrem eigenen Schatten eine lange Nase zu drehen. Mut schafft dieses Vertrauen, und je mehr Mut Sie beweisen, umso vertrauensvoller und positiver gehen Sie durch Ihr Leben – immer einen Schritt nach dem anderen und jeden zu seiner Zeit.

Buddha sagt: »Wir sind, was wir denken. Alles, was wir sind, entsteht aus unseren Gedanken. Mit unseren Gedanken formen wir die Welt.« Deshalb: Bleiben Sie positiv! Schenken Sie Ihren negativen Gedanken keinen Glauben. Ihr Hirn will Ihnen nur etwas vormachen. Es ist darauf trainiert, sich negative Erfahrungen fester einzuprägen als Erfolgserlebnisse. In früheren Zeiten hing unser Überleben davon ab. Aber diese Zeiten sind vorbei. Wir müssen nicht mehr um Beute kämpfen. Konzentrieren Sie sich stattdessen auf das Positive in Ihrem Leben. Verabschieden Sie sich davon, perfekt sein zu wollen. Niemand ist das! So, wie Sie sind, sind Sie gut! Führen Sie sich, sooft es geht, Ihre Erfolge vor Augen und jene Situationen, in denen Sie Mut bewiesen haben. Ziehen Sie daraus die Kraft für den Weg in Ihr neues kätzisches Leben. Dann wird Ihre Welt zu einem angenehmeren Ort – und nicht nur Ihre, versprochen. Auch Ihre Mitmenschen werden das spüren und sagen: »Hey, du bist so glücklich neuerdings. Wie machst du das?« Dann werden Sie von diesem Buch erzählen und Ihre Familie wird sagen: »Toll!« Und vielleicht werden sie Ihnen auf diesem Weg folgen.

Eine positive und vertrauensvolle Haltung zum Leben lässt sich üben. Katzen können dabei ein Vorbild sein. Lehnen Sie sich zurück und schauen Sie Ihrer Mieze dabei zu, wie sie in vollkommener Ruhe auf ihrem Platz sitzt, die Augen halb geschlossen, wie versunken in tiefer Kontemplation. Spüren Sie etwas? Ja? Wie schön! Frieden überkommt Sie. Ihre Muskeln entspannen sich. Ihr Atem beruhigt sich, Ihr Puls auch. Sie lächeln. Sie lächeln doch, oder? Wenn nicht, tun Sie es einfach. Schon das wirkt! Jedes Lächeln, und wenn es nur ein inneres ist, bringt Sie Ihrem Glück ein kleines Stückchen näher.

Erinnern Sie sich daran, wann immer Sie Zweifel befallen oder das graue Wetter Ihnen aufs Gemüt schlägt. Betrachten Sie, sooft es geht, eines dieser tiefenentspannten Fellknäuel. Wie wäre es mit dem einen oder anderen Katzenfoto auf Ihrem Schreibtisch, das Sie sich immer wieder anschauen können? Oder einer eleganten Katzenskulptur im Wohnzimmer? Wenn Ihnen das zu albern vorkommt, gönnen Sie sich eine YouTube-Pause mit Maru, einem der berühmtesten Internetkater, und lassen Sie die Freude auf Sie überspringen, wenn Maru aus der Pappkiste hüpft oder sich in viel zu kleine Kartons hineinzuzwängen versucht. Jedes Mittel, das Sie an Ihren neuen Guru Katze erinnert, ist willkommen.

Was hält Sie noch vom Glücklichsein ab?

Stellen Sie sich diese Frage ernsthaft und listen Sie die Gründe auf. Seien Sie dabei ganz ehrlich zu sich selbst und streichen Sie sofort alle Gründe, die keiner Prüfung der realen Situation standhalten, etwa solche wie: XY mag mich nicht. Woher wissen Sie das? Notieren Sie alles, was ihr Gedankenkarussell Ihnen gerade bietet. Und dann schauen Sie nach: Was davon ist real, was relevant? Bleiben Gründe übrig? Ja? Dann nehmen Sie sich vor, sie loszulassen. Erlauben Sie es sich selbst, nicht daran festzuhalten. Sie brauchen viel weniger, als Sie denken, um inneres Glück zu erleben. Loslassen führt zu innerer Freiheit. Wenn wir mit uns im Reinen sind, entsteht tiefer innerer Frieden – ein Glück, das bleibt und das uns niemand nehmen kann. Und schon sind Sie die beste Katzenversion Ihrer selbst!

Der besondere Glückstipp: Lächeln!

Es ist ganz einfach, jederzeit und an jedem Ort etwas von der Wunderkraft *Glück* zu kosten. Lächeln Sie! Nur für sich selbst. Ob an der Ampel im Auto oder vor dem Einschlafen, schenken Sie sich selbst ein Lächeln, das so richtig von Herzen kommt.

Schritt 1
Nehmen Sie sich zwei, drei Minuten Zeit und verschaffen Sie sich da, wo Sie gerade sind, eine bequeme Position.

Schritt 2
Atmen Sie ruhig in den Bauch. Lassen Sie den Atem ganz frei strömen und kommen Sie bei sich selbst an.

Schritt 3
Konzentrieren Sie sich auf Ihre Herzregion. Es kann hilfreich sein, die rechte Hand aufs Herz zu legen.

Schritt 4
Beginnen Sie mit einem kleinen Lächeln. Ziehen Sie die Mundwinkel ein wenig in die Höhe. Wenn Ihnen das hilft, stellen Sie sich etwas vor, was Sie lächeln macht. Ihre Katze vielleicht?

Schritt 5

Lächeln Sie intensiver. Meist geht das ganz von allein. Einmal angefangen mit dem Lächeln, können Sie nicht mehr aufhören.

Schritt 6

Spüren Sie hinein in Ihre Herzgegend, spüren Sie, wie sich dort Wärme ausbreitet. Ihr Puls pocht ein wenig schneller.

Schritt 7

Lächeln Sie weiter, bis Ihr ganzes Gesicht lächelt und Ihr Mund sich öffnet. Spüren Sie, wie dieses Prickeln in Ihnen aufsteigt? Ihr Atem beschleunigt sich.

Schritt 8

Geben Sie sich ganz dem aufsteigenden Prickeln hin, das Sie nun durchflutet. Wie wunderbar das ist!

Schritt 9

Wenn Sie ganz von Freude erfüllt sind, entspannen Sie Ihre Gesichtsmuskeln. Ihr Atem wird wieder ruhiger. Spüren Sie dem warmen Gefühl in der Brust noch eine Weile nach.

Gönnen Sie sich diese Übung jedes Mal, wenn Sie einen Glücks-Boost brauchen.

Übung #1: Loslassen

Haben Sie Ihre Liste mit Gründen noch, warum Sie gerade unglücklich oder unzufrieden sind? Vermutlich sind ein paar Gründe übrig geblieben, die Ihnen auch jetzt noch relevant erscheinen. Diese Übung soll Ihnen dabei helfen, diese Gründe loszulassen. Doch bevor Sie das tun, überlegen Sie: Können Sie an dem, was Sie unglücklich macht, etwas ändern? Dann tun Sie das. Zögern Sie nicht, lösen Sie das Problem. Sie können das! Nutzen Sie all Ihre Katzen-Wunderkräfte und vertrauen Sie auf sich selbst, dann schaffen Sie das.

Sind immer noch Gründe übrig, Probleme, die Sie nicht ändern können? Diese gilt es zu akzeptieren. Sagen Sie »Ja« zu deren Existenz – und dann lassen Sie sie los.

Ein schöner Weg, dies zu tun, ist, diese Probleme im wahrsten Sinne des Wortes von sich zu werfen. Schreiben Sie den Grund für Ihr Unglück oder das Problem, das Sie unzufrieden macht, auf einen nicht zu kleinen Zettel. »Ich hatte eine unglückliche Kindheit, die mir heute noch das Leben schwer macht«, »Ich brauche diesen elenden Job, weil ich gerade keinen neuen finde«, »Er/Sie liebt mich doch nicht« – oder was Ihnen gerade auf dem Herzen liegt.

Nun suchen Sie sich die passende Anzahl von Steinen, die so klein bzw. groß sein sollten, dass sie gut umwickelt werden können. Vielleicht machen Sie einen Spaziergang und sammeln unterwegs welche ein. Bemalen Sie diese Steine. Lackstifte oder Nagellack tun dabei hervorragende Dienste. Malen Sie, was Sie möchten: Kreise, Linien, Punkte, bunt, einfarbig, ganz nach Herzenslust.

Packen Sie Ihre »Problem«-Zettel und die bemalten Steine ein und gehen Sie damit an einen Fluss, einen See oder auf eine Seebrücke am Meer. Dort angekommen, lesen Sie sich jeden einzelnen Grund, der Ihrem Glück gerade im Weg steht, noch einmal laut vor. Konzentrieren Sie sich auf diesen Grund und darauf, wie es sich anfühlt, wenn er aus dem Weg geräumt ist. Dann wickeln Sie den Zettel um einen bemalten Stein und werfen das Päckchen ins Wasser, so weit hinaus, wie Sie können. Rufen Sie ihm hinterher: »Ich lasse dich los.«

Wie befreiend das wirkt, spüren Sie sofort!

Übung #2: Yoga – halbe Kerze

Die Übung *Viparita Karani* aus dem Hatha-Yoga, auch halbe Kerze oder umgekehrter See genannt, wirkt wunderbar ausgleichend und harmonisierend. Diese Umkehrhaltung ermöglicht uns zu erkennen, dass es auch andere Sichtweisen auf die Welt gibt.

Legen Sie sich auf den Rücken. Zur Unterstützung können Sie ein Yogakissen oder eine gefaltete Decke unter Ihren unteren Rücken legen. Empfehlenswert ist das vor allem, wenn Sie Rückenprobleme haben.

Mit der Einatmung winkeln Sie nun die Knie an, heben die Beine nach oben und strecken Sie senkrecht in die Höhe. Ihre Hüfte bildet dabei einen 90-Grad-Knick. Ziehen Sie die Fußspitzen zu sich heran.

Spüren Sie, wie Ihr Rücken Kontakt mit dem Boden aufnimmt.

Atmen Sie während der Übung tief und gleichmäßig in den Bauch.

Wenn Sie möchten, können Sie die Beine auch gegen eine Wand lehnen, das macht die Übung ein wenig einfacher.

Halten Sie die Stellung für fünf bis zehn tiefe Atemzüge.

Um die Übung zu beenden, winkeln Sie die Knie bei der Ausatmung an und stellen Sie die Füße wieder auf dem Boden ab.

Spüren Sie noch einen Moment der wohltuenden Wirkung nach.

Schultern und Nackenmuskeln werden bei dieser Übung entspannt. Wie bei jeder Umkehrstellung fließt frisches Blut in den Kopf, das Gehirn wird mit reichlich Sauerstoff versorgt. Das verbessert die Gehirnleistung. *Viparita Karani* wirkt gleichzeitig beruhigend und anregend. Die Übung unterstützt den Hormonhaushalt im Körper und wirkt verjüngend. Außerdem ist sie gut gegen Krampfadern. Die halbe Kerze vermittelt ein Gefühl von Ganzheit und hilft Ihnen dabei, das Leben zu akzeptieren und liebevoll anzunehmen.

Übung #3: Umdenken

Ereignisse, die uns belasten, spuken uns oft noch tagelang durch den Kopf. Wir sind so damit beschäftigt, dass wir unser Glück aus den Augen verlieren. Dagegen wirkt die A-B-C-D-E-Regel von Dr. Martin Seligman, einem amerikanischen Psychologen.

Schreiben Sie auf, was Sie belastet:

A – Adversity (Ausgangssituation)
Was ist geschehen? Was belastet Sie?
Person XY hat meine Einladung zum Essen abgelehnt.

B – Belief (Bewertung)
Wie sehen Sie, was geschehen ist? Wie bewerten Sie es? Seien Sie ehrlich – und bloß nicht höflich!
Verdammt, ich habe aber auch nie Glück beim anderen Geschlecht!

C – Consequence (Konsequenz)

Was war die Folge davon? Was haben Sie gefühlt? Und was haben Sie getan? Schreiben Sie ganz detailliert auf, wie Sie reagiert haben.
Ich fühle mich elend, weil ich zurückgewiesen wurde. Um mich zu trösten, habe ich viel Geld ausgegeben.

D – Dispute (Diskussion)

Diskutieren Sie die Situation mit einer anderen Person oder schriftlich mit sich selbst. Stimmt Ihre Bewertung der Ausgangssituation mit der Realität überein? Wie könnte die Situation noch gesehen werden? Hätten Sie auch anders reagieren können?
Es stimmt gar nicht, dass ich beim anderen Geschlecht nicht ankomme. Ich erhalte viele tolle Komplimente für … Ich hatte schon mal eine wunderbare Beziehung, ich kann wieder eine haben. Vielleicht hatte er oder sie bloß keine Zeit oder einen schlechten Tag. Ich hätte lächeln und mich einfach selbst in das schicke Restaurant einladen können.

E – Energy (Energie)

Zum Abschluss schreiben Sie auf, wie sich Ihre Haltung zur Ausgangssituation während der Diskussion verändert hat. Was ist mit Ihrer Stimmung geschehen? Sehen Sie nun andere Wege, die Sie einschlagen können?
Es ist gar nicht schlimm, dass meine Einladung ausgeschlagen wurde. Ich bin liebenswert, so wie ich bin. Jetzt fühle ich mich viel besser, sicherer. Ich nehme mir vor, die Einladung später noch einmal auszusprechen.

Übung #4: Handmassage

Wann immer Sie angespannt sind, sich gestresst fühlen oder ängstlich sind, gönnen Sie sich eine Handmassage. Pressen Sie den Daumen Ihrer rechten Hand auf Ihre linke Handfläche und massieren Sie sie mit kreisenden Bewegungen. Nach ein bis zwei Minuten wechseln Sie die Hände. Tauchen Sie in das wohltuende Gefühl dieser Massage ein. Schon nach wenigen Minuten fällt der Stress von Ihnen ab, Sie fühlen sich entspannt und geistig wach, kurz gesagt: Ihnen geht's kätzisch gut!

Übung #5: Neuen Raum schaffen

Jedes Mal wenn wir etwas loslassen, entsteht Raum für Neues. Gibt es etwas, das Sie schon länger loswerden wollten? Etwas, das Sie fast tagtäglich anstarrt und Sie auffordert, etwas zu tun? Etwas, das Ihnen nicht mehr passt? Der Wintermantel im Schrank, den Sie schon seit drei Jahren nicht mehr getragen haben, oder die Mitgliedschaft im Fitnessclub, obwohl Sie das Studio gar nicht mehr nutzen? Machen Sie eine Liste mit all dem Ballast, der sich angehäuft hat, und sortieren Sie all den Krimskrams, all die ungeliebten Bücher, Kleider oder das Gerümpel im Keller aus. Entsorgen Sie nach und nach alle Dinge. Verschenken Sie, was Ihnen keine Freude mehr macht, woran andere aber möglicherweise Spaß hätten. Ausmisten kann so eine Erleichterung sein! Und eine Inspiration. Am Ende haben Sie Platz für Dinge, die Ihnen wirklich entsprechen.

Vielleicht sogar für eine Katze?

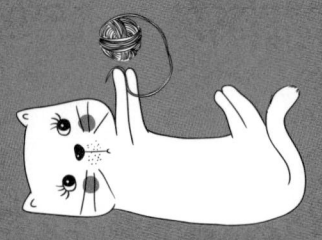

Test:
Wie viel Katze steckt in Ihnen?

Leben mit Katzen-Wunderkräften ist der Schlüssel zu einem erfüllten, glücklichen, entspannten, zufriedenen Leben. Dieses Büchlein will Sie dabei unterstützen, sich nach und nach mehr dieser Wunderkräfte anzueignen. Klar, das erfordert ein bisschen Anstrengung und eine veränderte Sichtweise auf die Welt. Aber die lohnt sich. Jede Katze wird Ihnen das bestätigen!

Machen Sie also den Test: Wie viel Katzen-Wunderkraft besitzen Sie schon? Beantworten Sie die folgenden Fragen und vergeben Sie eine Bewertung von 1 (gar nicht) bis 5 (voll und ganz).

1) Sind Sie neugierig?

2) Stehen Sie gern im Mittelpunkt?

3) Sagen Sie direkt, was Sie möchten?

4) Sind Sie ein unabhängiger Mensch?

5) Sorgen Sie gut für sich selbst?

6) Sind Sie selbstbewusst?

7) Lassen Sie gern andere für sich arbeiten?

8) Können Sie gut mit Veränderungen umgehen?

9) Gelingt es Ihnen, das Urteil anderer über Sie zu ignorieren?

10) Können Sie »Nein« sagen?

11) Wissen Sie, was Sie vom Leben wollen?

12) Wie gut können Sie sich konzentrieren?

13) Halten Sie sich selbst für aufrichtig?

14) Würden Sie sagen, Sie bleiben in jeder Situation gelassen?

15) Achten Sie darauf, genug Schlaf zu bekommen?

16) Sind Sie zufrieden mit Ihren Freunden, Ihren Beziehungen?

17) Bitten Sie andere Menschen um Hilfe?

18) Nehmen Sie sich regelmäßig Zeit dafür, das Leben zu genießen?

19) Wie sieht es mit Ihrer Selbstliebe aus? Mögen Sie sich so, wie Sie sind?

20) Würden Sie sich als jemanden bezeichnen, der voller Vertrauen durchs Leben geht?

So werten Sie aus:

Wie oft haben Sie mit 1 oder 2 geantwortet?   Anzahl: ____
Wie oft mit 3?   Anzahl: ____
Und mit 4 oder 5?   Anzahl: ____

Das Ergebnis:

Wenn Sie am häufigsten mit »1« oder »2« geantwortet haben, sollten Sie sich so bald wie möglich eine Katze anschaffen. Natürlich nur, wenn es das ist, was Sie wirklich wollen. Oder lauschen Sie der Nachbarskatze, was sie über ihre Lebensphilosophie zu erzählen hat. Ansonsten arbeiten Sie sich Schritt für Schritt durch die Übungen in diesem Buch und nach einem halben Jahr sehen wir uns an dieser Stelle wieder. Danach wird Ihr Testergebnis auf jeden Fall viel katzenhafter ausfallen!

Ihre häufigste Antwort war die »3«? Da blitzt doch schon ein Katzenauge! Sie haben das Zeug dazu, eine waschechte Katze zu werden. Es liegt noch ein Stück Arbeit vor Ihnen, aber Sie sind auf dem richtigen Weg. Haben Sie schon eine Katze adoptiert?

Sie haben am häufigsten »4« oder »5« angekreuzt? Bravo! Oder vielmehr: Miiiiauuuu! In Ihrem Herzen sind Sie eine ausgewachsene Katze. In puncto Katzen-Wunderkraft macht Ihnen so schnell niemand etwas vor. Purrrrrr-fect!

Danksagung

Ein Buch entsteht niemals einfach so. An dieser Stelle möchte ich all den Menschen Danke sagen, die dazu beigetragen haben, dass ich dieses Buch schreiben durfte:

- meiner Therapeutin in Kronshagen, Lea Webert, für viele Einsichten in die Struktur meiner Persönlichkeit
- dem Team der Schön-Klinik Bad Bramstedt, wo ich lernen durfte, welche Strategien aus eingeübten Denkfallen heraushelfen
- der Redaktion der Zeitschrift »happinez«, deren Artikel mich täglich dabei unterstützen, das Gelernte im Alltag umzusetzen, meine Persönlichkeit zu entwickeln
- den Menschen, die ich als Steine auf dem Weg empfunden habe und die mir letztlich dazu verhalfen, meine Perspektive zu wechseln, zu wachsen, zu einer neuen Sicht auf mich selbst und auf das Leben zu gelangen
- meinem Agenten Gerald Drews, der früher als ich an meine Fähigkeiten als Autorin glaubte
- den Mitarbeiterinnen und Mitarbeitern des mvg Verlags, die das Wagnis eingingen, das Verfassen dieses Buchs einer noch recht unerfahrenen Autorin anzuvertrauen
- meinem Mann, der mich vorbehaltlos unterstützt und liebt
- und unserer Katze (natürlich!)

Euch und Ihnen allen: Mahalo!